我国玉米生产节本增效问题研究

◎王 沛 朱 琳 王志丹 尹 进 著

U0306281

中国农业科学技术出版社

图书在版编目（CIP）数据

我国玉米生产节本增效问题研究／王沛等著.—北京：中国农业科学技术出版社，2020.8
ISBN 978-7-5116-4758-0

Ⅰ.①我… Ⅱ.①王… Ⅲ.①玉米–增收节支–栽培技术–中国 Ⅳ.①S513

中国版本图书馆 CIP 数据核字（2020）第 082734 号

责任编辑　于建慧
责任校对　李向荣

出 版 者　中国农业科学技术出版社
　　　　　北京市中关村南大街 12 号　邮编：100081
电　　话　(010)82109708(编辑室)　　(010)82109702(发行部)
　　　　　(010)82109704(读者服务部)
传　　真　(010)82106631
网　　址　http://www.castp.cn
经 销 者　各地新华书店
印 刷 者　北京建宏印刷有限公司
开　　本　700 mm×1 000 mm　1/16
印　　张　10.25
字　　数　155 千字
版　　次　2020 年 8 月第 1 版　2020 年 8 月第 1 次印刷
定　　价　36.00 元

序　言

　　"国以民为本，民以食为天，食以粮为源"。作为国家安全战略的重要组成部分之一，重视粮食生产在任何时候都不能有丝毫的懈怠和放松。它既涉及国家粮食安全的保障，又涉及农民收入水平的提高；既事关生产力的发展，又事关生产关系的调整；既需要地方政府的探索创新，又需要中央层面的顶层设计。尽管我国粮食生产实现了"十三连丰"，但粮食生产仍面临"双板"困境以及资源环境"硬约束"加剧等挑战，消费者对主要粮食作物产品品质的要求也越来越高。随着工业化、城镇化的迅速推进，加之"刘易斯拐点"的出现和人口红利的逐渐消失，土地要素的稀缺程度提高，粮食生产所面临的要素禀赋结构和相对价格正在发生着根本性的变化，粮食生产逐渐进入劳动力成本、土地经营成本与机会成本迅速上升的发展区间。这些都要求推动粮食产业发展由数量增长为主向数量质量效益并重转变、由主要依靠物质要素投入向依靠科技创新转变、由依靠拼资源和消耗向绿色生态可持续发展转变，这是经济发展新常态下降低粮食作物生产的成本、提高粮食生产综合效益、增加农民收入的主动选择。

　　玉米作为我国三大粮食作物之一，不仅对国家粮食安全有着重要影响，还同时被赋予了能源属性甚至金融属性，在粮食生产、流通和消费中具有十分重要的战略地位。随着中国经济的发展，中国城镇化建设的加速以及人们生活水平的提高，对肉蛋奶需求的增长直接导致玉米饲用量消费的大幅提高，同时，受玉米深加工业快速发展的影响，玉米需求量持续增加，2010 年我国已由历史性的玉米净出口国转变为玉米净进口国，2012 年进口量达到 520.7 万吨。尽管最近几年全球玉米产量达到了历史最高，但由于美国燃料乙醇对玉米消耗的急剧增加，国际玉米市场依然呈现出偏紧态势。土地和劳动力是玉米生产中最具约束性的投入要素。随着工业化的发展与农业比较优势的丧失，大量农村劳动力向二三产业转移，农业劳动力供不应求，从事农业生产的机会成本提高，致使农村劳动力价格迅速上涨。城镇化的推进导致农用耕地不断减少，而减免农业税、发放农业补贴等激励政策又引致耕地需求有所增加，供需矛盾加剧使得玉米生产的土地成本大幅提高。根据速水—拉坦的农业诱致性技术变迁理论，农业生产要素相对价格的变化会诱致技术进步的路径方向及要素之间的相互替代；在农业生产中，通常存在两类技术——"劳动节约型"的机械技术和"土地节约型"的生物化学技术，前者用来促进动力和机械对劳动的替代，后者用来促进化学肥料等工业品投入对土地的替代。其中，化肥是生物化学技术的核心，是粮食的粮食。然而，过量的化肥投入在提高产量的同时，也不断制约着粮食生产效益的提高。近年来，化肥投入等能源价格挂钩型成本成为推动粮食生产成本上升的首要因素。而且，过量的化肥投入不仅推高了玉米生产成本，也给生态环境带来了沉重的压力，粮食生产中化肥的大量施用引起的农业面源污染，正成为中国水环境污染的重要来源。

正是基于上述研究背景，本书作者以玉米生产为研究对象，一是在成本理论、规模经济理论、比较优势理论、成本效率理论等经济学相关理论以及相关研究成果的指导下，构建起农业生产者从事粮食作物生产活动及其影响因素分析框架。二是对我国玉米生产的发展历史、区域空间布局以及未来阶段发展走势进行系统的分析和研判。三是对玉米生产投入和产出的现阶段特点、动态特征及其差异进行研究，梳理玉米成本和受益的变化特点和演变趋势。四是对中美玉米生产的成本差异及成因进行比较分析，合理归纳和总结优化我国玉米生产成本的借鉴与启示。五是深刻分析玉米生产收益的影响因素，以判定影响玉米生产收益的主要因素，进而评估这些投入要素及其影响因素的变化对玉米生产收益影响的敏感程度。六是在上述实证研究的基础上，深入探究玉米成本投入要素的诱导效应及增长机制，从而进一步深入分析玉米成本投入要素价格变化对要素投入结构变化的诱导效应与玉米单要素生产率的增长机制。七是基于经济学的研究视角，定量评价玉米生产中的化肥投入水平，以准确把握玉米生产中化肥的投入强度；八是基于技术进步模式的研究角度，深入研究玉米生产增长路径选择及差异，从而提出不同类型、不同区域玉米生产应选择的与其资源禀赋相匹配的技术进步路径模式。最终，通过对本研究的主要结论进行全面、系统的总结和提炼，从而因地制宜地提出在经济发展新常态背景下，我国玉米生产节本增效的有效路径和发展方向，这对于促进我国玉米生产土地生产率、劳动生产率、资源利用率水平的提高，实现我国玉米生产增产、农户增收都具有十分重要的理论和现实意义。

本书的写作团队主要来自辽宁省农业科学院农村经济研究所。本书在调研、撰写过程中得到了诸多方面的关注与支持，感谢辽宁省农业科学院农村经济研究所所领导班子及各位同事，感谢中国农业科学院农业经济与发展研究所毛世平研究员、孙立新博士、林青宁博士对本书所给予的指导和帮助。由于时间和水平有限，疏漏与不足在所难免，敬请读者批评指正。

作者

2019 年 12 月

目　　录

绪　论

　　随着工业化和城镇化的快速推进，我国粮食生产面临的要素禀赋结构和相对价格正在发生着根本性的变化，粮食作物生产受土地、水资源、气候、劳动力、生态环境等资源条件的刚性约束加剧，具体表现为土地要素稀缺程度提高、水资源日趋短缺、水灾旱灾等自然灾害频发、农业劳动力减少与老龄化趋势并存、土壤生态环境状况恶化等，加大了粮食作物生产投入要素配置的难度。2017 年，中央一号文件《中共中央国务院关于深入推进农业供给侧结构性改革加快培育农业农村发展新动能的若干意见》中明确提出，"深入推进农业供给侧结构性改革，优化与资源禀赋相匹配的农产品产业结构，确保口粮绝对安全，着力推进农业提质增效"。玉米作为我国三大粮食品种之一，不仅对国家粮食安全有重要影响，还同时被赋予了能源属性甚至金融属性，在粮食生产、流通和消费中具有重要的战略地位。随着中国经济的发展，中国城镇化建设的加速以及人们生活水平的提高，肉蛋奶需求的增长直接导致玉米饲用量消费的大幅提高，同时，受玉米深加工业快速发展的影响，玉米需求量持续增加，2010 年，我国已由历史性的玉米净出口国转变为玉米净进口国，2012 年，进口量达到 520.7 万吨。尽管最近几年全球玉米产量达到历史最高水平，但由于美国燃料乙醇对玉米消耗的急剧增加，国际玉米市场依然呈现出偏紧态势。

土地和劳动力是玉米生产中最具约束性的投入要素。随着工业化的发展与农业比较优势的丧失，大量农村劳动力向二三产业转移，农业劳动力供不应求，从事农业生产的机会成本提高，致使农村劳动力价格迅速上涨。与此同时，城镇化的推进导致农用耕地不断减少，而减免农业税、发放农业补贴等激励政策又引致耕地需求有所增加，供需矛盾的加剧使得玉米生产的土地成本大幅提高。根据速水—拉坦的"农业诱致性技术变迁理论"，农业生产要素相对价格的变化会诱致技术进步的路径方向及要素之间的相互替代；在农业生产中，通常存在两类技术，即"劳动节约型"的机械技术和"土地节约型"的生物化学技术，前者用来促进动力和机械对劳动的替代，后者用来促进化肥料等工业品投入对土地的替代（速水佑次郎，拉坦，2014）。

化肥是生物化学技术的核心，是粮食的粮食。然而，过量的化肥投入在提高产量的同时，也不断制约着粮食生产效益的提高。近年来，化肥投入等能源价格挂钩型成本成为推动粮食生产成本上升的首要因素（蓝海涛，姜长云，2009）。过量的化肥投入不仅推高了玉米生产成本，而且给生态环境也带来了沉重的压力，粮食生产中化肥的大量施用引起的农业面源污染，正成为中国水环境污染的重要来源（洪传春等，2015）。2016年，中央一号文件《中共中央国务院关于落实发展新理念加快农业现代化　实现全面小康目标的若干意见》中强调"加强资源保护和生态修复，推动农业绿色发展"，提出"加大农业面源污染防治力度，实施化肥农药零增长行动"，2017年，再一次强调"推进农业清洁生产，深入推进化肥农药零增长行动，开展有机肥替代化肥试点，促进农业节本增效"。

粮食生产的资源环境约束迫切要求推动粮食产业发展由数量增长

为主，向数量、质量、效益并重转变，由主要依靠物质要素投入向依靠科技创新转变、由依靠拼资源消耗向绿色生态可持续发展转变，这是经济发展新常态下降低粮食作物生产成本，提高粮食生产综合经济效益和农民收入水平的主动选择。在我国经济发展进入新常态的背景下，对主要粮食作物如何节本增效进行研究显得尤为重要。

　　本研究以玉米生产作为研究对象，一是在成本理论、规模经济理论、比较优势理论、成本效率理论等经济学相关理论以及相关研究成果的指导下，构建起农业生产者从事粮食作物生产活动及其影响因素分析框架；二是对我国玉米生产的发展历史、区域空间布局以及未来阶段发展走势进行系统地分析和研判；三是对玉米生产投入和产出的现阶段特点、动态特征及其差异进行研究，梳理玉米成本和受益的变化特点和演变趋势；四是对中美玉米生产的成本差异及成因进行比较分析，合理归纳和总结优化我国玉米生产成本的借鉴与启示；五是深刻分析玉米生产收益的影响因素，以判定影响玉米生产收益的主要因素，进而评估这些投入要素及其影响因素的变化对玉米生产收益影响的敏感程度；六是在上述实证研究的基础上，深入探究玉米成本投入要素的诱导效应及增长机制，从而进一步深入分析玉米成本投入要素价格变化对要素投入结构变化的诱导效应与玉米单要素生产率的增长机制；七是基于经济学的研究视角，定量评价玉米生产中的化肥投入水平，以准确把握玉米生产中化肥的投入强度；八是基于技术进步模式的研究角度，深入研究玉米生产增长路径选择及差异，从而提出不同类型、不同区域玉米生产应选择的与其资源禀赋相匹配的技术进步路径模式。最终，通过对本研究的主要结论进行全面、系统的总结和提炼，从而因地制宜地提出在经济发展新常态背景下，我国玉米生产节本增效的有效路径和发展方向。

1 相关理论基础与文献综述

1.1 相关理论基础

1.1.1 成本理论

成本是商品经济的价值范畴，是商品价值的组成部分。从经济学概念出发，人们要进行生产经营活动或达到一定的目的，就必须耗费一定的资源，其所费资源的货币表现便被称之为成本，包含显性成本和隐性成本两部分。同时，西方经济学家还认为生产者将一定数量的生产要素用于一项或几项产品的生产中时，这些生产要素（即资源）便不能用于其他产品的生产之中，因此生产者因从事一项或几项产品的生产经营活动所取得收入，是建立在放弃同样的生产要素资源在别的生产经营中能够取得的收入的基础之上的，因而便产生了机会成本。其中：①显性成本。按照微观经济学中的定义，显性成本是指生产主体在生产要素市场上购买或租用他人所拥有的生产要素的实际支出，对应生产者在产品生产、销售中所直接和间接消耗的能够被计入实际支出的材料投入和劳动力投入等。②隐性成本。按照微观经济学中的定义，隐性成本则是指生产主体本身自己所拥有的且被用于该企业生产过程之中的那些生产要素的总价格，对应生产者自有的土地及生产场所、固定资产折旧、生产管理、销售费用等。③机会成本。西方经济学者认为，机会成本是指生产者生产某一单位的某种商品所放弃的，使用相同的生产要素在其他生产用途中所能得到的最高收入。这意味着，生产者在生产经营过程中可以通过对机会成本的研究，调整生产经营项目和经营方式，使有限的生产要素资源得到最合理的配置。

1.1.2 规模经济理论

规模经济理论是西方经济学基本理论之一，在生产成本相关研究中具有重要意义。亚当·斯密被认为是经济学规模经济理论的奠基者，他在《国富论》中提出，"劳动生产上最大的增进，以及运用劳动时所表现的更大的熟练、技巧和判断力，似乎都是分工的结果"，即：建立在一定生产规模批量生产前提下的劳动分工能够有效提高企业的劳动生产率。在其研究的基础上，由美国的保罗·萨缪尔森、英国的阿尔弗雷德·马歇尔等人提出、发展并完善了规模经济理论。萨缪尔森在其著作《经济学》一书中指出，"生产在企业里进行的原因在于效率通常要求大规模的生产、筹集巨额资金以及对正在进行的活动实行细致地管理与监督"，认为大规模生产带来的经济性是带来企业收益的最强有力因素。马歇尔于1890年著作发表《经济学原理》一书中详细阐述了规模经济理论的形成途径，并将其分为以企业内部通过优化要素组合而形成的"内部规模经济"与及通过行业优化布局而形成的"外部规模经济"。此外，他还进一步研究提出了规模经济报酬将依次经过规模报酬递增、规模报酬不变和规模报酬递减3个阶段的变动规律，即：随生产规模的不断扩大，企业生产要素组合将趋于合理，产量增加的比例大于生产要素增加的比例，有利于降低生产成本、增加成本效率，企业可以用更小的成本获得更大的产出，从而进一步获得更高的收益；随着规模的不断扩大，产量增加比例与要素增加比例将会逐渐持平，进入规模报酬不变阶段；再进一步扩大生产规模时，企业在管理费用、材料采购等方面的支出成本将超过由此带来的收益，产量增加比例小于要素增加的比例，此时，企业生产将进入规模报酬递减的阶段。

1.1.3 比较优势理论

比较优势理论（也称比较成本贸易理论）是大卫·李嘉图在亚当·斯密"绝对成本理论"的经济学研究基础上创立的一项经济学成本、贸易基础理论，对国际贸易、区域资源配置、成本优化、生产布局等方面的研究具有重要意义。亚当·斯密认为，生产的区域分工应该按照不同区域自然条件形成的绝对成本差异来进行，如此分工可以提高当地社会福利。大卫·李嘉图则是发展了绝对成本理论，并在《政治经济学及税赋原理》中首次提出了比较成本贸易理论（后常称之为比较优势理论）。在一系列假设条件的前提下，比较优势理论认为，影响产品国际贸易的不是生产技术的绝对差别，而是相对差别以及由此产生的相对成本的差别。每个国家都应根据"两利相权取其重，两弊相权取其轻"的原则，将生产资料、劳动力和资本等生产要素投入到相对成本较低的商品生产上去，用产出的商品去交换相对成本较高的商品。李嘉图的比较优势理论是正确的，但由于其理论是建立在一系列假设的前提之下，并没有考虑流通领域成本对劳动分工的影响，也假设了生产要素不能在国家、区域间自由流动，实际这些情况都不是很符合实际现实。对此，赫克歇尔和俄林等人利用韦伯区位理论发展了李嘉图的比较优势理论，形成资源禀赋理论（H-O 理论）。他们认为，从生产要素比例的差别而不是生产技术的差别出发，解释了生产成本和商品价格的不同，以此说明比较优势的产生。这个解释克服了斯密和李嘉图贸易模型中的局限性，认为资本、土地以及其他生产要素与劳动力一起都在生产中起重要作用并影响劳动生产率和生产成本；不同的商品生产需要不同的生产要素配置，而各国生产要素的储备比例和资源禀赋不同，正是这种生产资源配置或要素禀赋上的差别才是国际贸易的基础。对于成本优化研究而言，根据比较优势理论和H-O 理论，在探索优化路径时，往往要关注不同区域的地理资源、气候条件、发展状况等先天的资源禀赋条件，有针对性地进行优化布局调整。

1.1.4　成本效率理论

成本效率是指在产出既定的情况之下，以最小成本进行生产的能力或效率，即：生产者生产某一单位产品时，理论上所需要投入的有效成本边界上最小成本与实际生产过程中投入的现实成本之间的比值。成本效率研究的意义在于，在生产过程中的投入品价格既定的情况下，生产者可以选择在产品产出既定时尽可能达到最小成本；或者选择优化生产要素配置在尽量减少生产成本的同时获得尽可能大的产出。假设生产者生产所投入的实际成本为 C，处于有效成本边界的最小成本为 C_{min}，则成本效率可以表示为：$CE = C_{min}/C$，CE 的取值区间为 [0，1]，这意味着产出相同的情况下，生产者节省的成本为（1-CE）×100%。

成本效率理论是西方经济学效率理论中的重要分支。最初，西方关于经济效率的研究仅仅停留在理论层面。法瑞尔是使用数学模型方法测度经济效率的先驱者，他在 1957 年发表的《生产效率度量》一文中首次提出了生产效率的前沿测度方法，将生产效率的度量过程归于在既定的生产技术条件与市场价格下实际的投入和产出与理想状态下的投入和产出间的比较，包括技术效率和配置效率两个方面。技术效率反映在投入即定的情况下实际产出与潜在的最大产出之间的比率，配置效率则反映产出即定的情况下实际投入与潜在的最小投入之间的比率。

当前，国内外关于成本效率的分析方法主要有两类：一类是非参数方法，如数据包络分析法（Data Envelopment Analysis，DEA）；另一类为参数方法，如随机前沿分析法（Stochastic Frontier Approach，SFA）。其中，（1）非参数分析方法（DEA 法），使用时不必借助具体的成本函数，而是直接通过具体的投入、产出指标数据进行拟合，确定成本前沿面，分析成本的可能性集合。DEA 法是使用最多的非参数成本效率分析方法，该方法最早由 Farrell（1957）提出，该法利用数学规划原理，通过线性规划、对偶规划等方式评价多投入、多产出决策单元间的成本相对效率。Charnes、Cooper 和 Rhodes 共同研发了首个 DEA 模型，即 C^2R，后来 DEA 方法经过不断完善，已形成多阶段 DEA 方法，例如 Fried、Lovell（2002）提出的三阶段、四阶段 DEA 分析方法。（2）参数分析方法，则是根据某一生产函数的函数形式，构建出具体的前沿成本函数，在确定该前沿成本函数的相关参数后，根据前沿面测算出成本效率。SFA 是效率分析中较为常用的参数分析方法，该方法最早由 Aigner、Lovell 和 Schmidt（1977），以及 Meeusen、Broeck（1977）各自独立提出，并由 Battse、Coelli（1992、1995）等人完善和拓展，Berger（1993）则在前沿分析法（SFA 法）中引入成本非效率项，使得 SFA 方法的分析更加完善。比较 DEA 和 SFA 两种方法，两者都是前沿度量方法，均以距离函数为基础。DEA 方法相对简单，模型容易拓展且针对性强，但由于其数据来源稳定，分析过程中不存在随机误差，因而其将实际产出与前沿产出的差值单纯归结于技术效率，忽略随机因素对产出的影响。SFA 方法复杂，须确定前沿生产函数形式后进行分析，但相较 DEA 方法而言，其主要优点是考虑了随机因素对于产出的影响。在现实的农业生产过程中，随机因素导致的误差是真实存在的，因此，SFA 方法的分析过程更切合真实的农业生产过程。

1.2　相关文献综述

学术界在粮食生产的成本与收益方面取得了较多研究成果，本研究主要从粮食作物产品价格与粮食作物单产、粮食作物产品成本价格与投入要素价格、政府补贴政策与粮食生产外部经济环境、粮食生产的比较收益、规模化经营、粮食生产的技术进步模式等方面进行文献综述，以期为本研究的展开提供坚实基础和有益借鉴。

1.2.1　粮食作物产品价格、粮食作物单产与粮食作物节本增效

目前，学术界基于粮食作物产品价格、粮食作物单产的视角对粮食生产节本增效影响的研究表明，粮食作物产品价格是影响农民农业生产积极性进而影响粮食生产产出水平的关键因素，提高粮食作物产品价格是提高种粮收益从而保障国家粮食安全的有效政策手段（Lin，1992；Innes，1993；Rozelle et al.，2004）；提高粮食价格是促进粮农增收的关键因素，提高粮食单产也是促进粮农增收的重要因素（彭克强，2009）。曾福生和戴鹏（2011）对粮食生产收益的影响因素进行了研究，结果表明，价格是影响粮食生产变动最为关键的因素，提高

粮价是提高粮食生产收益最为有效的手段，远大于其他因素对收益的影响；提高粮食单产依旧是促进粮食生产收益提高的重要手段，但作用有限。苗珊珊和陆迁（2013）通过分析粮农生产决策行为的影响因素，结果发现粮农对粮食价格信号更为敏感，粮食价格对农户生产决策的影响程度大于单产纯收益的影响程度，农户更注重总收入最大化。因直接补贴水平低或生产资料价格上涨等原因，粮食产量上升尤其是粮食价格上涨才是农民种粮收入增加的真正动力（马彦丽，杨云，2005）。粮食作物产品价格对小麦生产规模具有显著的正面效应，为提高粮食生产能力，政府应充分利用价格机制的生产调节作用（陆文聪等，2004）。

综上，粮食生产价格和单产均是影响粮农生产收益的重要因素，但由于直接补贴水平低以及生产资料价格上涨等因素，提高粮食单产对粮农增收的作用变得相对有限；提高粮食作物产品价格可以提高农民种粮积极性进而带动其扩大粮食生产规模并最终提高粮食的生产能力。

1.2.2 粮食作物产品成本价格、投入要素价格与粮食作物节本增效

学者们对粮食作物产品成本价格的研究发现，粮食作物的生产资料价格和劳动力价格的不断上涨是影响粮食生产收益的重要因素。农资成本的不断上涨是影响粮食生产收益的重要因素，粮食生产成本是影响农户生产决策的重要因素（王志刚等，2010），粮食作物生产中物质与服务费的稳定增长是阻碍粮食生产收益提高的主要因素（彭克强，2009；曾福生，2011）。陈汉圣和吕涛（1997）分析生产资料价格对农户种植决策的影响后发现，生产资料价格对农户粮食生产投入支出的影响呈扩大趋势，导致农户种粮意愿下降。万劲松（2004）认为粮食

生产的现金成本对农户粮食生产决策的影响很敏感，决定农民种粮积极性根本因素在于粮食生产所带来的各种总收入满足农民家庭的生活需要；而且推动粮食作物总成本上升的因素主要是劳动力机会成本、排灌费以及化肥和种子价格；市场机制可以通过价格来补偿粮食生产的总成本，但却无法补偿"收入机会成本"。控制生产资料价格是控制和降低粮食生产成本的关键（王薇薇，2008）。

对于投入要素的研究学者普遍认为，要素价格上涨、投入量增多是生产成本增加、收入难以提高的主要因素。孔祥智等（2004）实证分析了投入要素等影响因素在小麦生产中的作用，结果表明，耕地是小麦生产最主要的投入要素，机械和水电等其他投入在小麦生产中起着越来越重要的作用；劳动和化肥投入存在过量的现象。土地作为日益稀缺的粮食生产的投入要素，其市场价格呈上升趋势（彭克强，2009），导致土地经营成本和机会成本迅速上升，土地成本是推动种植业总成本上升的主要因素（姜长云，2009），为提高土地的粮食生产能力而导致目前中国粮食生产中存在过量施肥的现象（史常亮等，2016）。化肥生产所需的能源原材料价格上涨致使化肥价格大幅度提高，进而使得粮食生产中化肥投入成本快速上涨，化肥费、机械作业费等涉及能源的成本因素是推动粮食生产成本上升的首要因素（姜长云，2009；蓝海涛，2009）。蒋远胜等（2007）研究发现劳动力成本日益成为粮食生产的主要成本，不同粮食作物之间劳动用工价格有趋同的趋势。柴斌锋等（2007）研究发现劳动用工量和化肥量是玉米生产的最主要影响因素，人工费用的计量方法将直接影响玉米生产成本和经济效益的核算。吴丽丽等（2015）研究发现随着要素禀赋的变化，特别是劳动力成本的上升，农业生产呈现出明显的节约劳动倾向和"资本深化"迹象。

1.2.3 政府补贴政策、粮食生产外部经济环境与粮食作物节本增效

除上文分析的粮食生产中的内部影响因素，国家补贴政策与外部经济环境是粮食生产的重要外部影响因素。目前，关于国家粮食生产补贴对于农户节本增效作用的研究结论总体上一致，即国家粮食生产补贴对于农户节本增效具有正向作用，其差异在于补贴政策对农户节本增效影响的程度。粮食补贴政策对提高农民种粮净收益起到了一定的制度激励效应，降低了粮农的粮作经营制度成本，增加了其制度收益，但是影响不显著；直补政策相对于粮食价格和农业生产资料价格等因素对农民种粮净收益影响较小（李鹏，2006；刘志国等，2009）；直补政策对农户的种粮面积扩大、农民收入的增加均影响较小，对农户每亩粮食生产的投入量没有影响（马彦丽，2005）。粮食补贴政策具有降低农户粮食生产的制度成本、增加其制度收益的双重功效，粮食补贴政策具体运作直接影响其政策绩效。刘爱民和徐丽明（2002）通过研究政策性成本对粮食生产收益的影响，认为政府通过农产品生产的直接补贴、反季节补贴和收购保护价政策，能够提高农产品的国际市场竞争力。但农户间粮食补贴差异较大，并且有随粮食生产面积的扩大而递减的趋势（张建杰，2007）。翁贞林等（2010）研究发现，种粮补贴对提高大户土地产出率和土地收益率有一定作用，认为通过对减少化肥、农药使用而生产的"绿色粮食"实行高额补贴，真正发挥种粮补贴对粮食增产和农户增收的双重效能。粮食生产外部经济环境，如经济周期对于粮食生产的成本产生显著的影响。蓝海涛和姜长云（2009）基于经济周期的视角研究发现化肥费、机械作业费等涉及能源的成本因素是推动粮食生产成本上升的首要因素，并且随着经济周期的变化，中国粮食生产成本呈现波浪形上升的态势。

1.2.4 粮食生产比较收益与粮食作物节本增效

基于粮食生产比较收益的角度，学者主要从不同类型作物、不同经营规模、不同区域等方面展开。万劲松（2004）认为，粮食比较成本是农户调整种植结构的主要依据，而且与油料、棉花、烤烟等大田作物相比，粮食生产的效益仍然最低。范成方和史建民（2013）指出，从整体来看，粮食相对油料、蔬菜及苹果的比较收益差距呈不断缩小趋势，提高投入产出效率是缩小单位成本比较收益差距的主要途径。闫丽珍等（2003）通过研究中国玉米主产地区的生产效益，发现我国玉米生产的单位面积成本存在明显的区域差异，造成这种差异的原因与我国各地资源禀赋、人口状况以及地方政策有着重要关系。唐茂华和黄少安（2011）通过对农产品成本收益核算体系的深入研究，发现小麦比较收益都不低，高粮食作物比较收益与低农民收入存在二元悖论，其根本原因在于小麦土地经营规模过小及非充分就业。

1.2.5 规模化经营与粮食作物节本增效

目前，学术界关于规模化经营对粮食作物节本增效的研究主要着眼于降低粮食生产的生产资料成本和土地成本等方面，规模化经营有助于降低粮食生产的成本，增加农户收入。许庆等（2011）研究发现我国粮食生产总体而言是规模报酬不变的，但是扩大粮食生产经营规模能降低粮食作物生产的成本，有助于实现规模经济，农业经营规模的扩大有利于促进农民增收，获取规模经济效益是农户扩大经营规模的内生动力。规模较大的粮食生产经营户有动态增加粮食播种面积的行为取向，较大规模的粮食生产经营户更易于实现规模化经营收益，具有相对较高的内在动力从事粮食生产（张建杰，2007）。周应恒等

（2015）发现粮棉油等土地利用型作物的单产和价格上升空间有限，提高经营规模是降低产品单位成本、增加农民收入的重要途径。柴斌锋等（2007）认为玉米的成本和收益与土地的细碎化和土地等级有关，平原上的玉米比山区、丘陵上的玉米具有较高的成本收益率。郭晓鸣和董欢（2014）通过案例剖析发现"土地股份合作社+农业职业经理人+农业生产性服务"的具有显著西南地区区域特征的粮食适度规模经营模式，能够将土地流转交易成本内部化，不仅提升了耕地资源的配置效率，推动了粮食适度规模经营，同时进一步降低粮食作物生产的成本。桂华和刘洋（2017）通过分析江苏射阳县探索出"联耕联种"的实践，发现在避免土地流转的情况下，"联耕联种"能够实现分散农户的生产联合，取得粮食单产增加、农业生产成本降低、农民收入提升和保障农民就业的经济社会综合目标，是适应当前城镇化进程和技术进步条件下的双层经营体制创新。

1.2.6　农业技术进步模式与粮食作物节本增效

国内目前关于农业技术进步模式的研究集中在两个方面：一方面是从宏观层面对我国农业发展的技术进步模式进行定性分析。如吴敬学（1997）通过诱导技术变革理论分析和对美日两国农业技术进步模式的实证考察，结合我国农业发展的现实状况指出，在当前或将来的很长一段时间，我国农业发展将以生物化学型技术进步模式为主。其他学者的研究结论也都比较类似，认为我国应选择以生物技术为主、机械化技术为辅的农业技术进步模式（吴国庆等，2000；邵彦敏，2003）。王文昌等（2001）、朱晓玲等（2004）也提出了类似观点，但他们的研究是针对我国西部地区，并将其称为"主辅双轨制"的技术进步模式。另一方面是利用诱导技术变革理论进行定量分析，从中微观层面对我国某一区域或某一农产品的技术进步模式进行判定。吴敬学（2007）对辽宁省农业技术进步模式进行了实证研究，王子军等（2006）对我国小麦生产的技术进步模式进行研究，结果表明，小麦生产以机械型技术进步为主。杨巍（2009）利用我国早稻生产的技术进步模式进行了实证分析，认为我国早稻生产在进入 21 世纪以前以生物化学型技术进步为主，进入 21 世纪之后以机械型技术进步为主。王琛等（2014）实证分析了农业技术进步模式对我国粮食综合生产能力的影响。吴丽丽等（2015）运用要素生产率的二维空间相图增长分析法，分析和考察了农业的增长路径、技术进步偏向及其变化，研究发现我国农业增长基本上采取了劳动生产率导向型路径，以机械技术为主导的增长路径，而非生物化学技术；我国农业增长路径从以提高土地生产率为主的传统农业生产方式向以提高劳动生产率为主的现代农业生产方式转变。

1.2.7 评述

上述文献的梳理对本主题研究具有较好的借鉴意义。在市场经济环境条件下，同类同质粮食作物产品的市场竞争表面上体现为价格竞争，但本质上是其生产的成本竞争，而粮食作物生产的成本最终决定于土地、资本、劳动等基本生产投入要素的效率，以上研究基于不同经济发展阶段的背景，由于土地、劳动力等生产投入要素稀缺程度的差异，得出了不同甚至相左的研究结论。现有研究大多集中在对粮食作物产品成本与收益的直接描述，而对粮食作物产品成本与收益的相关影响因素分析较少，深入研究其成本与收益差异的文献尚不多，尤其是进行实证研究和系统理论分析的研究成果还不多见。

随着工业化和城市化进程的快速推进，我国粮食生产所面临的要素禀赋结构和相对价格正发生着根本性的变化，粮食作物生产受土地、水源、气候、劳动力、生态环境等资源条件的刚性约束加剧，具体表现为耕地资源的减少、水资源的日趋短缺、水灾旱灾等自然灾害频发、农业劳动力减少与老龄化趋势并存、土壤状况恶化，这都使粮食作物生产投入要素的配置难度加大。2017 年，中央一号文件《中共中央国务院关于深入推进农业供给侧结构性改革加快培育农业农村发展新动能的若干意见》中明确提出"深入推进农业供给侧结构性改革，优化与资源禀赋相匹配的农产品产业结构，确保口粮绝对安全，着力推进农业提质增效"。在我国经济发展进入新常态的背景下，为保障国家粮食安全，增加农民收入，对粮食作物如何节本增效进行研究显得尤为迫切和重要。因此，需要在一个比较完整的分析框架下对粮食作物生产的成本与收益进行深入的定量研究。

本研究将在构建农业生产者从事粮食作物生产活动及其影响因素分析框架的基础上，从当前我国玉米生产的发展现状出发，深入研究玉米生产投入和产出的现阶段特点、动态特征，努力探究生产投入要素及其他因素对玉米生产收益影响的重要程度，进而分析玉米成本投入要素的诱导效应及增长机制、化肥等要素投入的过量使用程度以及玉米生产增长路径的判定等问题。通过以上研究以期能够准确判断出影响玉米生产节本增效的关键因素，并有针对性地提出玉米生产节本增效的有效路径。

2 我国玉米生产发展现状分析

玉米在我国有着悠久的栽培历史，其抗逆性和适应性较强，对生产环境的要求比较宽松。基于粮食、饲料、经济兼用的多功能，玉米已经成为中国目前种植面积最大且总产量最高的第一大作物，在中国粮食生产和消费中占有十分重要的地位。回顾我国玉米生产的历史发展演变过程，不难发现改革开放以来，我国的玉米生产整体呈现出波动上升的发展态势。本章根据中国科学院杨艳昭研究员（2016）的研究成果，结合我国玉米生产发展外部环境和自身发展特点的时间节点，大致可以以 1984、1993 和 2003 年为节点划分为 4 个阶段，分别是：平稳增长阶段（1978—1984 年）、快速增长阶段（1985—1993 年）、波动性发展阶段（1994—2003 年）和恢复增长阶段（2004—2016 年）。

2.1 我国玉米生产发展的历史回顾

2.1.1 平稳增长阶段（1978—1984 年）

在这一发展阶段，由于玉米供需之间出现的突出矛盾，引起了政府部门的高度关注。1978 年，党的十一届三中全会做出了实行家庭联产承包责任制的重大农村制度改革举措，农民获得了经营自主权，充分激发了农民从事农业生产的积极性，加之各地大面积推广玉米高产栽培技术，使得玉米生产发展呈现出平稳发展的态势。因此，在1978—1984 年期间，虽然全国玉米种植面积出现了一定程度的缩减，但全国玉米生产总量和单产水平均得到不同程度的显著提高。全国玉米种植面积由 1978 年的 19961 千公顷缩减到 1984 年的 18 537 千公顷，缩减幅度达到了 7.13%，年均增长率达到了−1.05%。玉米生产总量和单产水平分别由 1978 年的 5 595 万吨和 2 803.0 千克/公顷增加到 1984 年的 7 341 万吨和 3 960.2 千克/公顷，增长幅度分别达到了 31.21%和41.29%，年均增长率分别达到了 3.96%和 5.06%（图 2-1 和图 2-2）。

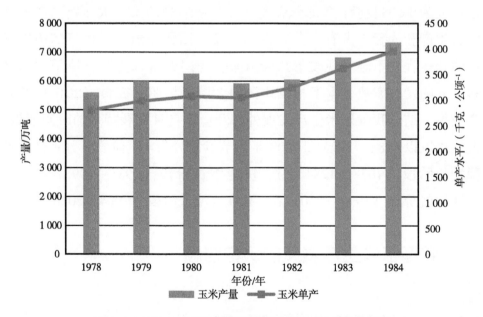

图 2-1　1978—1984 年我国玉米产量和单产水平变化情况

数据来源：历年《中国农村统计年鉴》

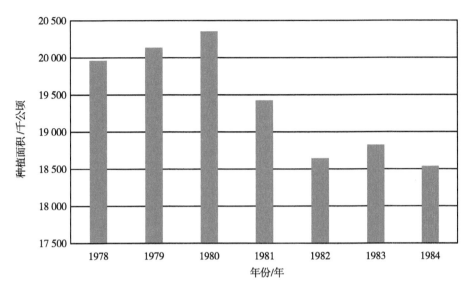

图 2-2 1978—1984 年我国玉米种植面积变化情况

数据来源：历年《中国农村统计年鉴》

2.1.2 快速增长阶段（1985—1993 年）

在这一发展阶段，受我国玉米加工业发展影响，玉米加工需求量大幅增加，也促进了我国玉米生产的快速发展，该阶段玉米产量的增加得益于种植面积和单产水平的双重增长。全国玉米生产总量、种植面积和单产水平分别由 1985 年的 6 383 万吨、17 694 千公顷和 3 607.4 千克/公顷快速增加到 1993 年的 10 270 万吨、20 694 千公顷和 4 962.8 千克/公顷，增长幅度分别达到了 60.90%、16.95% 和 37.57%，年均增长率分别达到 5.43%、1.76% 和 3.61%（图 2-3 和图 2-4）。此时，玉米产量占全国粮食产量的比重也由 1985 年的 16.84% 提升到 1993 年的 22.50%，产业地位大幅提升。

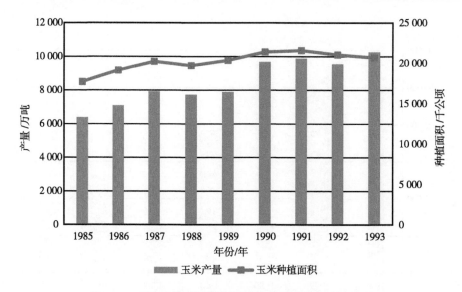

图 2-3　1985—1993 年我国玉米产量和种植面积变化情况

数据来源：历年《中国农村统计年鉴》

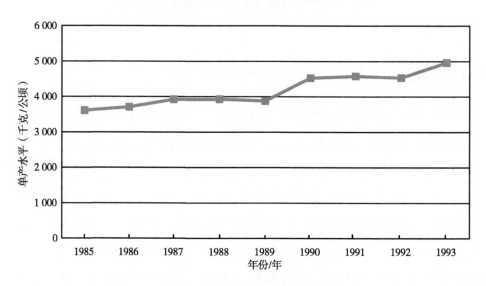

图 2-4　1985—1993 年我国玉米单产水平变化情况

数据来源：历年《中国农村统计年鉴》

2.1.3 波动性发展阶段（1994—2003 年）

1994—2003 年期间，我国玉米生产出现了较大的波动，其中 1997 年和 2000 年的玉米产量出现了大幅减少（图 2-5，图 2-6）。1997 年，我国玉米的总产量和种植面积分别为 10 431 万吨和 23 775 千公顷，分别比 1996 年减少了 2 316 万吨和 723 千公顷，减少幅度分别为 18.17% 和 2.95%。这主要是由于玉米单产水平减少较大，较 1996 年减少了 815.90 千克/公顷，减少幅度达到 15.68%。2000 年，我国玉米的总产量、种植面积和单产水平较之 1999 年也均出现了不同程度的下降。玉米总产量、种植面积和单产水平分别为 10 600 万吨、23 056 千公顷和 4 597.5 千克/公顷，总产量降幅为 17.25%，主要是由于种植面积大幅缩减，缩减幅度达到了 10.99%，而单产水平也略有下降，下降幅度达到 7.02%。虽然我国玉米生产在这一阶段经历了较大幅度的波动，但

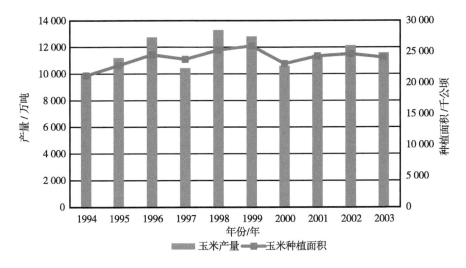

图 2-5 1994—2003 年我国玉米产量和种植面积变化情况

数据来源：历年《中国农村统计年鉴》

— 21 —

整体而言还是有一定发展的。2003 年，我国玉米的总产量、种植面积和单产水平分别达到了 11 583 万吨、24 068 千公顷和 4 812.6 千克/公顷，比 1994 年分别增加了 16.67%、13.79%和 2.53%。玉米在全国粮食产量中所占的比重也由 1994 年的 22.31%逐步上升到 2003 年的 26.89%，产业发展地位日益提升。

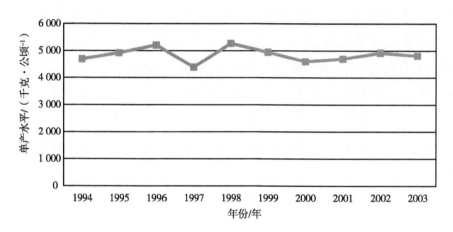

图 2-6 1994—2003 年我国玉米单产水平变化情况

数据来源：历年《中国农村统计年鉴》

2.1.4 恢复增长阶段（2004—2016 年）

2004—2016 年，我国的玉米生产呈现出恢复快速增长的良好势头。2004 年以来，中央连续出台的"中央一号文件"中相继实施了以"四减免""四补贴"为主要内容的支农惠农政策，在很大程度上充分调研了广大农民种植玉米的积极性，玉米生产实现了连续稳步提升。玉米产量、种植面积和单产水平由 2004 年的 13 029 万吨、26 445 千公顷和 5 120.3 千克/公顷分别增加到 2016 年的 21 955 万吨、36 768 千公顷和 5 971.2 千克/公顷，增长幅度分别达到 68.51%、44.49%和 16.62%，年均增长率分别达到了 4.10%、2.87%和 1.19%。该阶段我国玉米产量的增加主要是由于种植面积增加较快，同时玉米单产水平恢复到 90 年代末的水平且有所增长。玉米生产占粮食产量的比重也首次超过水稻，由 2004 年的 27.75% 逐步提升到 2016 年的 35.63%，成为种植面积和总产量均为第一位的粮食作物（图 2-7 和图 2-8）。

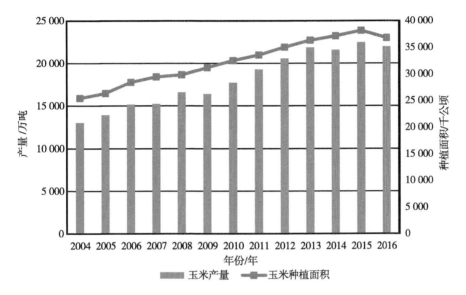

图 2-7 2004—2016 年我国玉米产量和种植面积变化情况

数据来源：历年《中国农村统计年鉴》

2.2 我国玉米生产的空间布局研究

玉米在我国的种植范围十分广阔，北自北纬 53°的黑龙江，南至北纬 18°的海南岛，西起新疆及青藏高原，东到台湾，都有一定面积的玉米种植。我国从北到南一年四季都有玉米种植，其中以春玉米和夏玉米的种植面积最大。我国绝大部分省（区、市）的气候、土壤都适合玉米的生长。但与此同时，虽然全国各地都有玉米种植，然而由于各

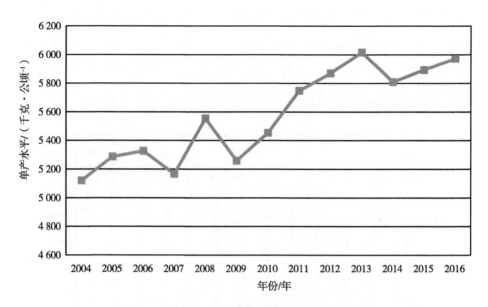

图 2-8　2004—2016 年我国玉米单产水平变化情况

数据来源：历年《中国农村统计年鉴》

地自然条件的差异以及玉米与其他农作物之间的替代关系各有不同，加之我国玉米生产具有极强的地域特点，使得不同的地区和区域之间表现出不同的玉米生产状态，在空间布局上存在一定的规律。

2.2.1　我国玉米生产集中度指数分析

玉米生产集中度指数是指某一时期各地区玉米产量占全国玉米总产量的比重，该指标可以从时间和地区两个维度来综合反映玉米生产空间布局的变化趋势。玉米生产集中度指数的公式为：

$$PCI_{it} = \frac{X_n}{\sum X_{it}} \qquad (2-1)$$

表示在 t 时期 i 地区玉米产量占该时期观测地区玉米总产量的比

值。为了更直观反映 2004—2016 年我国玉米生产空间布局的变化，这里选择 2004 年、2010 年和 2016 年作为参考。同时，表 2-1 给出我国玉米生产集中度排名前 15 名的省份和地区。

表 2-1 2004—2016 年我国玉米地区生产集中度变化情况

排序	2004 年		2010 年		2016 年	
	省（区）	集中度	省（区）	集中度	省（区）	集中度
1	吉 林	13.89	黑龙江	13.11	黑龙江	14.24
2	山 东	11.51	吉 林	11.31	吉 林	12.90
3	河 北	8.88	山 东	10.90	内蒙古	9.75
4	辽 宁	8.29	河 南	9.22	山 东	9.41
5	河 南	8.06	河 北	8.51	河 北	7.99
6	内蒙古	7.28	内蒙古	8.27	河 南	7.95
7	黑龙江	7.21	辽 宁	6.49	辽 宁	6.68
8	山 西	4.85	山 西	4.32	山 西	4.05
9	四 川	4.28	四 川	3.77	四 川	3.61
10	云 南	3.27	云 南	3.46	云 南	3.45
11	陕 西	3.12	陕 西	3.00	新 疆	3.12
12	新 疆	2.77	新 疆	2.38	甘 肃	2.55
13	贵 州	2.56	贵 州	2.34	陕 西	2.48
14	安 徽	2.46	甘 肃	2.20	安 徽	2.10
15	甘 肃	1.88	安 徽	1.76	贵 州	1.48

数据来源：根据相关年份《中国统计年鉴》整理计算得出

由表 2-1 可知，2004—2016 年我国玉米地区生产集中度指数发生变化，具体可以分为以下四种类型。

（1）持续增长型 即玉米生产集中度在各考察年度相对上一个考察节点表现出增长的态势，以黑龙江、内蒙古和甘肃为代表。其中，黑龙江的玉米生产集中度由 2004 年第 7 位的 7.21 逐步上升到 2016 年第 1 位的 14.24，玉米产量由 2004 年的 939.50 万吨增加到 2016 年的 3 127.40 万吨，成为我国玉米生产第一大主产省份；内蒙古的玉米生产集中度由 2004 年第 6 位的 7.28 逐步上升到 2016 年第 3 位的 9.75，玉米产量由 2004 年的 948.00 万吨增加到 2016 年的 2 139.80 万吨；甘肃的玉米生产集中度由 2004 年第 15 位的 1.88 逐步上升到 2016 年第 12 位的 2.55，玉米产量由 2004 年的 245.03 万吨增加到 2016 年的 560.56 万吨。

（2）持续下降型　即玉米生产集中度在各考察年度相对上一个考察节点表现出下降的态势，以山东、河北、四川、山西、陕西、贵州为代表。其中，山东的玉米生产集中度由 2004 年第 2 位的 11.51 逐步下降到 2016 年第 4 位的 9.41；河北的玉米生产集中度由 2004 年第 3 位的 8.88 逐步下降到 2016 年第 5 位的 7.99；虽然山西和四川的玉米生产集中度排名基本没有变化，但玉米生产集中度还是分别由 2004 年的 4.85 和 4.28 逐步下降到 2016 年的 4.05 和 3.61；陕西的玉米生产集中度由 2004 年第 11 位的 3.12 逐步下降到 2016 年第 13 位的 2.48；贵州的玉米生产集中度由 2004 年第 13 位的 2.56 逐步下降到 2016 年第 15 位的 1.48。

（3）平稳发展型　即玉米生产集中度在各考察年度内波动不大，相对比较稳定，以吉林、辽宁、云南和新疆为代表。其中，虽然 2004 年吉林的玉米生产集中度位居全国第 1 名，但此后出现小幅波动，基本稳定在第 2 名的位置；辽宁的玉米生产集中度由 2004 年的第 4 名下滑并基本稳定在第 7 名的位置；云南的玉米生产集中度变化幅度较小，基本稳定在第 10 名的位置；新疆的玉米生产集中度的变化幅度相对较小，基本稳定在第 12、第 11 名的位置。

（4）上下波动型　即玉米生产集中度在各个考察年度内波动较

大，以河南和安徽为代表。河南的玉米生产集中度先是由 2004 年第 5 位的 8.06 上升到 2010 年第 4 位的 9.22，但又下降到 2016 年第 6 位的 7.95；安徽的玉米生产集中度先是由 2004 年第 14 位的 2.46 下降到 2010 年第 15 位的 1.76，之后又上升到 2016 年第 14 位的 2.10。

2.2.2　我国玉米生产规模指数分析

玉米生产规模指数是指某一时期各地区玉米种植面积占全国玉米总种植面积的比重。生产规模指数与生产集中度指数本质相同，但两个指标侧重点不一样。与生产集中度指数相类似。玉米生产规模指数的公式为：

$$PSI_{it} = \frac{Y_n}{\sum Y_{it}} \qquad (2-2)$$

表示在 t 时期 i 地区玉米种植面积占该时期观测地区玉米总种植面积的比值。同样，选择 2004 年、2010 年和 2016 年作为参考，并在表 2-2 中给出我国玉米生产规模指数排名前 15 名的省区。

表 2-2　2004—2016 年我国玉米地区生产规模指数变化情况

排序	2004 年		2010 年		2016 年	
	省（区）	规模指数	省（区）	规模指数	省（区）	规模指数
1	吉　林	11.40	黑龙江	13.44	黑龙江	14.19
2	河　北	10.34	吉　林	9.37	吉　林	9.95
3	山　东	9.65	河　北	9.26	河　南	9.02
4	河　南	9.51	山　东	9.09	内蒙古	8.73
5	黑龙江	8.57	河　南	9.06	山　东	8.72
6	内蒙古*	6.59	内蒙古	7.65	河　北	8.68
7	辽　宁	6.28	辽　宁	6.44	辽　宁	6.14
8	四　川	4.61	山　西	4.77	山　西	4.42

（续表）

排序	2004 年		2010 年		2016 年	
	省（区）	规模指数	省（区）	规模指数	省（区）	规模指数
9	山　西	4.42	云　南	4.36	云　南	4.12
10	云　南	4.37	四　川	4.17	四　川	3.80
11	陕　西	4.12	陕　西	3.64	陕　西	3.13
12	贵　州	2.78	甘　肃	2.57	甘　肃	2.72
13	安　徽	2.60	贵　州	2.40	新　疆	2.50
14	广　西*	2.31	安　徽	2.34	安　徽	2.38
15	新　疆*	2.04	新　疆	2.01	贵　州	2.01

数据来源：根据相关年份《中国统计年鉴》整理计算得出；＊：内蒙古自治区、广西壮族自治区、新疆维吾尔自治区简称。全书同

由表 2-2 可知，2004—2016 年我国玉米地区生产规模指数发生变化，具体可以分为以下四种类型。

（1）持续增长型　即玉米生产规模指数在各考察年度相对上一个考察节点表现出增长的态势，以黑龙江、内蒙古和甘肃为代表。其中，黑龙江的玉米生产规模指数由 2004 年第 5 位的 8.57 逐步上升到 2016 年第 1 位的 14.19，玉米种植面积由 2004 年的 2 179.50 千公顷增加到 2016 年的 5 217.36 千公顷，成为我国玉米种植面积第一大主产省份；内蒙古的玉米生产规模指数由 2004 年第 6 位的 6.59 逐步上升到 2016 年第 4 位的 8.73，玉米种植面积由 2004 年的 1 675.60 千公顷增加到 2016 年的 3 208.80 千公顷；甘肃的玉米生产规模指数由 2004 年第 16 位的 1.92 逐步上升到 2016 年第 12 位的 2.72，玉米种植面积由 2004 年的 487.73 千公顷增加到 2016 年的 1 000.82 千公顷。

（2）持续下降型　即玉米生产规模指数在各考察年度相对上一个考察节点表现出下降的态势，以河北、山东、河南、四川、云南、陕

西、贵州为代表。其中，河北的玉米生产规模指数由 2004 年第 2 位的 10.34 逐步下降到 2016 年第 6 位的 8.68；山东的玉米生产规模指数由 2004 年第 3 位的 9.65 逐步下降到 2016 年第 5 位的 8.72；河南的玉米生产规模指数由 2004 年第 4 位的 9.51 逐步下降到 2016 年第 3 位的 9.02；四川的玉米生产规模指数由 2004 年第 8 位的 4.61 逐步下降到 2016 年第 10 位的 3.80；云南的玉米生产规模指数由 2004 年第 10 位的 4.37 逐步下降到 2016 年第 9 位的 4.12；虽然陕西的玉米生产规模指数排名基本没有变化，但玉米生产规模指数依然由 2004 年的 4.12 逐步下降到 2016 年的 3.13；贵州的玉米生产规模指数由 2004 年第 12 位的 2.78 逐步下降到 2016 年的 2.01。

（3）平稳发展型　即玉米生产规模指数在各考察年度内波动不大，相对比较稳定，以吉林、辽宁、山西和新疆为代表。其中，虽然 2004 年吉林的玉米生产规模指数位居全国第 1 名，但此后出现小幅波动，基本稳定在第 2 名的位置；辽宁的玉米生产规模指数基本稳定在第 7 名的位置；山西的玉米生产规模指数变化幅度较小，基本稳定在第 8 名、第 9 名的位置；新疆的玉米生产规模指数的变化幅度相对较小，基本稳定在第 15、第 13 名的位置。

（4）上下波动型　即玉米生产规模指数在各个考察年度内波动较大，以安徽为代表。安徽的玉米生产规模指数先是由 2004 年第 13 位的 2.60 下降到 2010 年第 14 位的 2.34，之后又上升到 2016 年第 14 位的 2.38。

2.2.3　我国玉米生产优势区域空间布局

玉米是粮食、饲料和工业原料兼用农作物，目前已经发展成为我国第一大粮食作物。为了充分挖掘我国玉米生产潜力，努力增加供给量，切实保障国家粮食安全，《2008—2015年玉米优势区域布局规划》中根据生态特点、市场区位、生产规模、产业基础等情况，将我国玉米分为北方春玉米区、黄淮海夏玉米区和西南玉米区三个优势区域（表2-3，图2-9）。

表2-3　我国玉米生产种植优势区域

生产优势区域	生产气候条件	包含区域
北方春玉米区	属温带湿润、半湿润气候，≥10℃年积温2 000~3 600℃，无霜期115~210天，基本上为一年一熟制。全年降水量400~800毫米，其中60%集中于6—8月，降雨总量能够满足玉米生长的需要	黑龙江、吉林、辽宁、内蒙古、宁夏、甘肃、新疆7省玉米种植区，河北、北京北部，陕西北部与山西中北部及太行山沿线玉米种植区
黄淮海夏玉米区	属暖温带半湿润气候，年平均气温10~14℃，无霜期从北向南170~240天，≥10℃年积温3 600~4 700℃，年日照2 000~2 800小时，年降水量500~800毫米，且多集中于玉米生长发育季节	河南、山东、天津、河北、北京大部，山西、陕西中南部和江苏、安徽淮河以北区域
西南玉米区	海拔高度100~4 000米，属亚热带湿润、半湿润气候，立体生态气候明显，除部分高山地区外，无霜期多在240~330天，4~10月平均气温均在15℃以上，全年降水量800~1 200毫米，多集中于4—10月，部分地区有利于多季玉米栽培	重庆、四川、云南、贵州、广西及湖北、湖南西部

（1）北方春玉米区　北方春玉米区包括黑龙江、吉林、辽宁、内蒙古、宁夏回族自治区（全书简称宁夏）、甘肃、新疆等7省（区）玉米种植区，河北、北京北部，陕西北部与山西中北部及太行山沿线玉米种植区。该区域属温带湿润、半湿润气候，≥10℃年积温2 000~3 600℃，无霜期115~210天，基本上为一年一熟制。全年降水量400~800毫米，其中60%集中于6—8月，降雨总量能够满足玉米生长的需要。土壤比较肥沃，尤其是东北大平原，以黑土、黑钙土、暗草甸土为主，是我国农田土壤最为肥沃的地区之一，是玉米高产区，也是

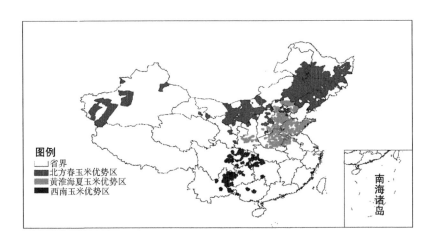

图 2-9　我国玉米优势区域布局

数据来源：《2008—2015 年玉米优势区域布局规划》

近几年玉米种植面积扩展最大的地区。然而，本区北部由于热量条件
不够稳定，活动积温年际间变动大，个别年份低温冷害对玉米生产的
威胁很大；区内玉米生产基本处于雨养状态，干旱少雨对玉米生产的
威胁很大。未来发展阶段，北方春玉米区的主攻方向：一是选育推广
优良抗性品种。选育与推广耐旱、耐低温冷害、适度密植、适宜机械
化收获、籽粒与青饲兼用型稳产、高产、优质玉米品种。二是推广增
密种植技术。根据各地农田水肥条件和适宜品种，进行适度密植，以
提升玉米区光、热、水、土资源利用效率，促进玉米高产高效。三是
推进全程机械化作业与标准化生产。在继续提升玉米播种和中耕机械
化水平的同时，重点推进新型收获机械的普及应用；在标准化生产技
术方面，突出深松整地措施，增强东北地区玉米对干旱及其他不良因
子的抗逆能力，同时抓好配套技术物化投入、精量播种、农时把握和
田间管理等关键环节。四是强化农田基本条件。加强中低产田改造，

强化培肥地力，大力普及地膜覆盖，秸秆还田与测土配方施肥等农田培肥技术、少耕免耕与留茬覆盖等防风固土技术以及旱作节水高产技术；适度发展水利灌溉工程，研发推广补水灌溉技术。五是强化社会化服务。产前重点规范农资市场、搞好技术培训、开展信息服务和农业保险；产中围绕质量安全、标准到位、病虫害防治、成本控制等进行有效的技术服务和管理；产后依托龙头企业、行业协会、期货机构及中介组织、经纪人等，形成新机制下的销售网络，搞好产品销售服务。

（2）黄淮海夏玉米区　黄淮海夏玉米区涉及黄河流域、海河流域和淮河流域，包括河南、山东、天津，河北、北京大部，山西、陕西中南部和江苏、安徽淮河以北区域。该区域属暖温带半湿润气候，年平均气温 10～14℃，无霜期从北向南 170～240 天，≥10℃ 年积温 3 600～4 700℃，年日照 2 000～2 800 小时，年降水量 500～800 毫米，且多集中于玉米生长发育季节。该区多为小麦—玉米两熟制。区内阶段性干旱与病虫草害对玉米生产的威胁很大。未来发展阶段，黄淮海夏玉米区的主攻方向：一是大力发展玉米机械化生产。普及机械化播种和机械化中耕技术，大力推广机械化收获，扩大机耕、机播、机收等玉米全程机械作业水平与面积。二是研发推广耐密、优质、高产、多抗品种与栽培技术。充分利用光、热、水资源，强化抗倒伏、抗病、抗旱、耐密、高产品种选育，并根据农田水肥条件开展耐密品种栽培技术的研发与推广；根据市场需求，开展鲜食、青贮专用与籽粒和青饲兼用品种的选育与推广。三是适当延迟收获。普及玉米适期晚收技术。玉米适当延迟 10 天左右收获，每亩可增加玉米产量 15 千克。四是加强病虫草害综合防控。强化无公害病虫草害综合防控技术的研发、示范与推广，特别是强化无公害除草试剂及其使用技术的研发与示范推广。五是推广节本增效技术。大力推广普及节水灌溉技术，推进精量化播种、精量化施肥、精量化用药技术，实现玉米生产省种、节水、节肥、节药。六是强化社会化服务体系。规范种子与生产资料市场，强化玉米机耕、机播、机收社会化服务组织与病虫害监测预报、植保专业化防治；依托龙头企业、行业协会、期货机构及中介组织、经纪人等，形成新机制下的销售网络，搞好产品销售服务。

（3）西南玉米区 西南玉米区主要由重庆、四川、云南、贵州、广西及湖北、湖南西部的玉米种植区构成，是我国南方最为集中的玉米产区。该区海拔高度100~4 000米，属亚热带湿润、半湿润气候，立体生态气候明显，除部分高山地区外，无霜期多在240~330天，4—10月平均气温均在15℃以上，全年降水量800~1 200毫米，多集中于4—10月，部分地区有利于多季玉米栽培。区内近90%的土地为丘陵山地，玉米从平坝一直种到山巅，种植制度从一年一熟至一年多熟，间作、套种、单种兼而有之。因本区是畜牧优势产区，对玉米需求量大，具备扩种增产潜力。但区内坡旱地比重大，土壤贫瘠，耕作粗放，灌溉设施差，是典型雨养农业区，季节性干旱突出，玉米单产低而不稳，但提升潜力较大。未来发展阶段，西南玉米区的主攻方向：一是选育推广高产抗病抗倒籽粒品种和青饲、青贮新品种。在继续发展籽粒玉米的同时，强化青饲专用和籽粒与青饲兼用型高产玉米新品种的选育与配套栽培技术研发，加强玉米秸秆青贮等综合利用技术的研究和推广，满足畜牧业需要。二是大力推广防灾避灾旱作技术。针对季节性干旱对玉米生产的巨大威胁，大力推广地膜覆盖、营养钵育苗移栽、适期早播避旱等高产旱作技术，促进玉米稳产高产。三是推广增密技术。结合大穗抗病抗倒玉米品种的推广，根据农田水肥条件，适度增加种植密度，提高有效穗数。四是强化病虫害综合防治。加强病虫监测预报与统防统治，推广生物防治技术，努力减轻灾害损失。五是强化农田地力建设。大力推广坡地改梯地与植物篱技术和保护性耕作与秸秆还田技术；大力普及应用测土配方施肥技术；加强中低产田改造，强化集雨设施建设，推广节水补灌技术。六是因地制宜地发展机械化生产。在适宜地区推广使用小型农业机具，减少劳动力投入，提高玉米生产机械化水平。

2.3　未来我国玉米生产走势判断

农业农村部市场预警专家委员会在《中国农业发展报告（2019—2028）》中对于未来阶段我国玉米生产走势的研判结果显示：随着农业种植结构的进一步优化、玉米全产业链条的不断完善，未来10年中国玉米供求关系将趋紧，但在市场机制作用下，产需缺口有望逐步缩小，供求关系将逐渐向基本平衡转变。

2.3.1　玉米播种面积先降后增

随着农业种植结构的不断优化、"镰刀弯"地区玉米生产结构调整成果的进一步巩固，短期内中国玉米播种面积还将继续下调。政策方面，去库存仍然是推进农业供给侧结构性改革的重要任务，大豆振兴计划的实施也将会导致短期内部分地区玉米改种大豆。市场方面，短期内玉米供应仍然比较充裕，叠加非洲猪瘟疫情和年初东北地区售粮进度较慢的影响，玉米市场价格连续3个月下跌，已经低于上年同期，对农户种植意愿影响较大。但从中长期来看，在玉米产需缺口较大、供求关系趋紧、中长期价格预期看涨等因素的影响下，农户玉米种植收益将有所提高，播种面积将出现恢复性增长。政策层面，2019

年中央一号文件强调，要毫不放松抓好粮食生产，确保粮食播种面积稳定在 16.5 亿亩（11 000 万公顷）。提出实施重要农产品保障战略，稳定玉米生产，确保谷物基本自给、口粮绝对安全。这与近年来调减玉米播种面积的政策导向相比发生了明显变化，反映出国家对于当前国内玉米供求形势的变化做出了比较清晰的判断。从作物特性看，玉米是雨热同季作物，适应性广，单产水平较高，与大豆、杂粮杂豆等其他主要竞争性作物相比，具有一定的比较优势，且生产弹性较大，如果充分发挥市场机制的调节作用，玉米生产有可能得到较快恢复。预计 2019 年农民玉米种植意向将有所下降，播种面积进一步调减到 6.26 亿亩（4 173 万公顷）。此后，随着去库存的基本结束，国内玉米供求关系进一步趋紧，价格将逐步上升，在市场机制的作用下，农民种植玉米的效益和积极性将逐步提高，玉米播种面积有望继续增长。预计 2020 年玉米播种面积将达到 6.40 亿亩（4 267 万公顷），2025 年将继续增加到 6.67 亿亩（4 447 万公顷），2028 年将达到 6.73 亿亩（4 487 万公顷）左右，未来 10 年年均增长 0.6%。

2.3.2 玉米单产水平不断上升

2019 年中央一号文件提出，要巩固和提高粮食生产能力，到 2020 年确保建成 8 亿亩高标准农田，发展高效节水灌溉，全面完成粮食生产功能区划定任务。随着高标准农田建设的加强和粮食生产功能区的建立健全，玉米生产基础设施的保障能力将得到较大提升。同时，良种良法配套、病虫害综合防治、全程机械化等增产技术的大面积推广应用，将显著提升玉米的单产水平。此外，气候因素仍将是影响中国玉米生产的重要因素，单产水平将随着气候变化而波动。展望未来 10 年，中国玉米单产水平将呈波动上升态势。预计 2019 年全国玉米单产水平将提高到 411 千克/亩（6 165千克/公顷），到 2020 年玉米单产水平将进一步提高到 417 千克/亩（6 255千克/公顷）。展望后期，玉米市场条件有望继续改善，农民生产积极性将继续提高，加上优良品种、高效栽培技术的普遍应用，"互联网+"、物联网、云计算、大数据等技术的融合，玉米单产水平仍将进一步提高。预计 2025 年有望达到 458 千克/亩（6 870 千克/公顷），2028 年有望达到 474 千克/亩（7 110 千克/公顷），未来 10 年年均增长 1.5%。

2.3.3 玉米总产量逐步提高

虽然 2019 年玉米单产水平有所提高，但玉米播种面积却有所减少，预计总产量基本稳定，仍保持在 2.57 亿吨左右。此后，随着玉米播种面积的增加和单产水平的不断提升，中国玉米总产量也将逐步增加，预计 2020 年中国玉米总产量将恢复增长到 2.67 亿吨。展望后期，将延续增长态势，单产水平提高将成为玉米生产发展的主要推动力。到 2025 年，中国玉米总产量将有望达到 3.05 亿吨水平。到 2028 年，中国玉米总产量将有望达到 3.19 亿吨。未来 10 年年均增长 2.2%。

2.3.4 不确定因素

（1）政策因素 当前中国玉米供求关系正在发生着深刻变化，部分旧库存压力需要化解与年度产不足需的格局并存，短期的供应充裕与长期的供求关系趋紧相互交织，稳定提高玉米生产能力与巩固玉米生产结构调整成果和绿色发展的需要相互掣肘，使得中国玉米宏观调控政策面临着复杂多变的局面。一是生产方面，轮作试点是否持续扩大，如何统筹运用玉米和大豆生产者补贴制度，协调玉米和大豆的生产关系，如何处理发展玉米生产、保障粮食安全与推动绿色发展之间的关系以及未来转基因政策如何变化等，都存在不确定性。由于生产政策对玉米生产的影响很大，未来玉米生产面积和产量将发展到何种程度存在着不确定性，进而影响到未来中国玉米产需关系，如果未来玉米生产恢复不理想，则不排除玉米产需缺口持续扩大的可能。二是消费领域，在玉米供求关系趋紧的情况下，中国燃料乙醇如何发展，政策是否会做出调整，存在不确定性；非洲猪瘟疫情影响何时能够消除，目前尚难以准确判断，对生猪生产的影响也存在不确定性。三是贸易领域，在国际贸易环境负责多变的背景下，未来中国玉米及其替代品进口政策取向，将对国内玉米市场产生重要影响；中国畜产品进口政策如何变化，也将对国内玉米消费产生重要影响，若畜产品进口持续扩大，无疑将压缩国内玉米的消费空间。上述政策的不确定性，都可能会对玉米生产者和上下游企业的市场行为产生一定的影响，进而影响到玉米生产、消费和贸易，未来玉米市场将面临诸多不确定因素。

（2）气候条件　玉米生产受气候条件影响较大，气温、光照、降水的变化容易引发干旱、洪涝、台风、风雹、低温、霜冻等灾害，对玉米的播种、生长、收获，甚至运输和储存都可能产生直接影响。由于玉米生长过程中需水量大，旱灾对玉米生产的影响最为明显。近几十年来，中国减产年份多为旱灾较重的年份。气象条件还会影响玉米病虫害发生的规模和程度，并对产量形成产生影响，其中玉米螟虫害发生面积最大，为害程度最高。玉米市场受气候条件变化的影响也日益明显，特别是从玉米播种到收获期间，期货价格受气候变化的影响尤为明显。随着气候变暖和极端异常天气频繁发生，预计未来 10 年玉米生产面临的各种自然风险不确定性依然很大，气候条件对中国玉米生产和市场的影响将日益明显，市场波动可能更趋频繁和剧烈。

（3）其他不确定性因素　一是宏观经济环境变化。国际国内都面临较大的经济下行压力，且宏观经济环境复杂多变，中国经济进入向高质量发展转型的时期，机遇与挑战并存。玉米产业链条相对较长，与经济发展关系密切，宏观经济环境的不确定性将对玉米深加工及养殖业发展带来一定影响。二是国际玉米市场变化。目前，全球玉米供求形势依然较为宽松，国际玉米价格出现震荡，但总体依然处于较低价位。2018年，美国和中国两大主产国玉米面积继续调减，但接下来的调整方向和持续性存在不确定性。消费领域，虽然畜牧业对玉米的饲用需求稳步增长，但燃料乙醇发展受国际能源价格走势影响较大，玉米需求消费增长的快慢将对国际玉米供求关系变化产生重要影响。因此，未来国际玉米供求关系如何变化也存在较大不确定性。三是汇率变化。近年来，美元汇率总体呈走高态势，这使得以美元计价的国际玉米价格走势持续低迷，同时，美元汇率走高，使得人民币对美元存在持续的贬值压力，抬高了中国进口玉米及其替代品的成本。未来美元汇率如何变化，不仅将影响到国际玉米价格的走势，也会影响中国玉米的国际竞争力及进出口贸易。

3 玉米生产投入和产出的现状、动态特征及其差异分析

本章节着重从经济成本、会计成本和技术进步路径模式 3 个维度来分析玉米的成本投入，从产品实物量、产品产值和产品收益 3 种产出类型来分析玉米的产品产出。通过对玉米投入和产出的现状、动态特征及其差异进行分析，进而归纳和总结我国玉米成本和收益的变化特点及其演变趋势。

3.1 玉米的成本投入和产品产出现状

为了剔除偶然性因素的影响，本研究使用 2013—2016 年的平均数据作为我国现阶段玉米的成本投入和产品产出数据。各项成本收益数据均来自于历年的《全国农产品成本收益资料汇编》。

3.1.1 玉米成本投入的阶段性特点

玉米总成本是指玉米生产过程种所耗费的现金、实物、劳动力和土地等所有资源的成本。现阶段我国玉米总成本为 1 065.69 元/亩（1亩≈667 平方米。全书同）。以下将从经济成本、会计成本和技术进步

路径模式 3 个维度出发，对我国玉米成本投入现状情况进行深入分析（表 3-1，图 3-1）。

（1）基于经济成本的维度　在经济成本维度下，将玉米的总成本划分为生产成本和土地成本两大类。其中，玉米生产成本是指为生产玉米而投入的各项实物、现金与劳动力成本，包括物质与服务费用及人工成本。2013—2016 年，我国玉米的生产成本为 831.79 元/亩，在总成本中所占比重高达 78.74%，占据绝对主导地位。其中，物质与服务费用为 367.57 元/亩，在总成本中所占的比重为 34.80%。而人工成本为 464.22 元/亩，在总成本中所占的比重为 43.95%，高出物质与服务费用 9.15 个百分点。我国玉米生产的土地成本为 224.52 元/亩，在总成本中所占的比重为 21.26%。

（2）基于会计成本的维度　在会计成本维度下，将玉米的总成本划分为现金成本和机会成本两大类。其中，玉米生产的现金成本是指玉米生产过程中的全部现金和实物支出，直接决定着玉米生产者的收入水平。玉米生产的机会成本则是包括劳动力机会成本（即家庭用工折价）和土地机会成本（即自营地折租），它能够在一定程度上影响玉米生产者的生产经营行为。2013—2016 年，我国玉米生产的现金成本为 419.32 元/亩，在总成本中所占的比重为 39.70%，而玉米生产的机会成本为 636.99 元/亩，在总成本中所占的比重为 60.30%。其中，劳动力机会成本为 438.42 元/亩，土地机会成本为 198.58 元/亩，在总成本中所占的比重分别为 41.50% 和 18.80%。

（3）基于技术进步路径模式的维度　在技术进步路径模式维度下，将玉米生产的总成本划分为生物化学投入成本、机械投入成本以及土地成本、人工成本和其他成本五大类。其中，生物化学投入成本包括种子费、化肥费、农家肥费、农药费、农膜费等。2013—2016 年，我国玉米生产的生物化学投入成本为 220.32 元/亩，在总成本中所占的比重为 20.86%，其中，化肥费以 132.47 元/亩居于首位，在总成本中所占的比重为 12.54%。机械投入成本包括机械作业费、排灌费、燃料动力费等，2013—2016 年，我国玉米生产的机械投入成本为 125.93 元/亩，在总成本中所占的比重为 11.92%，其中，机械作业费以 106.71 元/亩居于首位，在总成本中所占的比重为 10.10%。人工成本包括家庭用工折价与雇工费用，2013—2016 年，我国玉米生产的人工成本为 464.22 元/亩，在总成本中所占的比重为 43.95%。土地成本包括自营地折租与流转地租金，2013—2016 年，我国玉米生产的土地成本为 224.52 元/亩，在总成本中所占的比重为 21.26%。其他成本是指除了生物化学投入成本、机械投入成本、土地成本、人工成本以外的其他各项成本，包括畜力费、技术服务费、工具材料费、修理维护费、其他直接费用以及固定资产折旧、税金、保险费、管理费、财务费、销售费等间接费用。2013—2016 年，我国玉米生产的其他成本为 21.33 元/亩，在总成本中所占的比重为 2.02%。基于技术进步路径模式划分的五类成本及其占总成本的比重由高到低依次为土地成本、人工成本、生物化学投入成本、机械投入成本、其他成本（表 3-1）。

表 3-1　2013—2016 年不同维度下我国玉米生产的成本投入及各成本构成情况

分类依据	成本构成项目	2013—2016 年平均成本（元/亩）	在总成本所占比重（%）
基于经济成本维度	生产成本	831.79	78.74
	土地成本	224.52	21.26
基于会计成本维度	现金成本	419.32	39.70
	机会成本	636.99	60.30

（续表）

分类依据	成本构成项目	2013—2016年 平均成本（元/亩）	在总成本所 占比重（%）
	生物化学投入成本	220.32	20.86
	机械投入成本	125.93	11.92
基于技术进步路径模式维度	人工成本	224.52	21.26
	土地成本	464.22	43.95
	其他成本	21.33	2.02

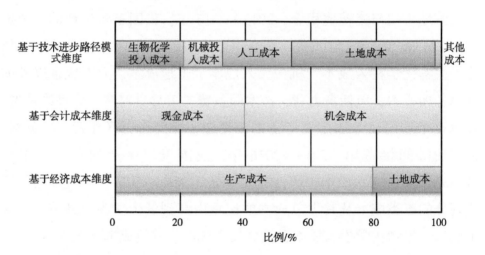

图 3-1　2013—2016 年不同维度下我国玉米生产成本投入构成比例情况

3.1.2　玉米产品产出的阶段性特点分析

从产品实物量、产品产值、产品收益 3 个维度出发，对 2013—2016 年我国玉米产品生产的阶段性特点进行分析。

（1）基于产品实物量的维度　基于产品实物量的维度，主要是考察玉米的主产品产量、主产品已出售产量。主产品产量是指实际生产的玉米数量。2013—2016 年，我国玉米的平均主产品产量为 489.23 千克/亩，其中，平均主产品已出售产量为 335.04 千克/亩，占平均主产品产量的 68.48%

（2）基于产品产值的维度 基于产品产值的维度，主要是考察玉米的主产品产值、副产品产值、主产品已出售产值。2013—2016 年，我国玉米的平均主产品产值和副产品产值分别为 960.96 元/亩和 27.47元/亩，主产品产值在总产值中所占的比重高达 97.29%。其中，平均主产品已出售产值为 652.36 元/亩，占平均主产品产值的 67.89%，每千克玉米平均出售价格为 1.96 元。

（3）基于产品收益的维度 基于产品收益的维度，主要是考察玉米的净利润及现金收益。净利润与现金收益均是反映生产主体盈利能力的重要指标，净利润为总产值与总成本之差，反映其综合产出能力；现金收益为总产值与现金成本之差，体现其实际获得的收入水平。2013—2016 年，我国玉米的平均净利润为－68.64 元/亩，平均现金收益为 568.41 元/亩，家庭用工折价与自营地折租等机会成本较高是现阶段我国玉米净利润远远低于现金收益的重要原因。

3.1.3 小结

玉米总成本是指玉米生产过程中耗费的现金、实物、劳动力和土地等资源的成本。2013—2016 年，我国玉米总成本为 1065.69 元/亩。通过基于经济成本、会计成本和技术进步路径模式 3 个不同维度对玉米总成本进行分类分析的结果表明，基于经济成本维度的玉米生产成本与土地成本分别为 831.79 元/亩和 224.52 元/亩，基于会计成本维度的玉米现金成本与机会成本分别为 419.32 元/亩和 636.99 元/亩，基于技术进步路径模式维度的玉米生物化学投入成本、机械投入成本、人工成本、土地成本和其他成本分别为 220.32 元/亩、125.93 元/亩、224.52 元/亩、464.22 元/亩和 21.33 元/亩。

通过基于产品实物量、产品产值和产品收益 3 个不同维度对玉米产品产出进行分类分析的结果表明，基于产品实物量维度的玉米主产品产量、主产品已出售产量分别为 489.23 千克/亩和 335.04 千克/亩，基于产品产值维度的玉米主产品产值、副产品产值和主产品已出售产值分别为 960.96 元/亩、27.47 元/亩和 652.36 元/亩，基于产品收益维度的玉米净利润及现金收益分别为 -68.64 元/亩和 568.41 元/亩。

3.2　玉米成本投入和产品产出的动态变化特征分析

为了剔除价格因素的影响，本研究以 2004 年为基期，分别使用消费者物价指数对玉米的人工成本、土地成本进行平减，农业生产资料综合指数对玉米除人工成本、土地成本以外的其他成本数据进行平减，玉米生产价格指数对玉米的主产品产值、主产品出售产值、副产品产值进行平减，农产品生产价格指数对玉米的现金收益和净利润进行平减。消费者物价指数、农业生产资料综合指数、玉米生产价格指数、农产品生产价格指数均来源于历年《中国统计年鉴》。

3.2.1　玉米成本投入的动态变化特征分析

2004—2016 年，我国玉米生产总成本总体呈现出逐年增加的发展态势，由 2004 年的 375.70 元/亩增加到 2016 年的 773.92 元/亩，年均增长率达到 6.21%。本节将从经济成本、会计成本和技术进步路径模式 3 个不同维度出发，对我国玉米成本投入的动态变化特征进行分析（图 3-2，图 3-3，图 3-4）。

（1）基于经济成本维度　基于经济成本维度 2004—2016 年我国玉米的生产成本与土地成本均有不同程度的增加。玉米的生产成本由 2004 年的 314.26 元/亩增加到 2016 年的 601.11 元/亩，涨幅达到了 91.28%。其中，物质与服务费用由 2004 年的 173.77 元/亩增加到 2016 年的 268.40 元/亩，增长了 54.46%。人工成本由 2004 年 140.49 元/亩增加到 2016 年的 332.71 元/亩，增长了 136.82%，劳动力价格的持续攀升导致了玉米生产成本的大幅上涨。与此同时，随着工业化、城镇化进程的不断推进，农业耕地不断减少，2003 年，国家相继制定出台了减免农业税及发放各类农业补贴的优惠政策，使得农业生产的收益明显提高，耕地需求快速增加，土地价格显著上涨，玉米的土地成本逐年增加，由 2004 年的 61.44 元/亩增加到 2016 年的 172.81 元/亩，增加幅度达到 181.27%。

生产成本在总成本中始终占据主导地位，但其在总成本中所占的比重却呈逐年下降的发展态势，由 2004 年的 83.65% 逐步下降到 2016 年的 77.67%，而与此同时，土地成本在总成本所占的比重基本保持稳步上升的态势，由 2004 年的 16.35% 上升到 2016 年的 22.33%。

（2）基于会计成本维度　基于会计成本维度 2004—2016 年我国玉米的现金成本与机会成本均呈现出小幅波动中总体保持稳步上升的发展态势。玉米的现金成本由 2004 年的 192.39 元/亩上升到 2016 年的 250.40 元/亩，增幅达到 30.15%。玉米的机会成本则是由 2004 年的 183.31 元/亩增加到 2016 年的 377.89 元/亩，增幅达到 106.15%。近年来，土地租金与劳动力价格的持续攀升是造成我国玉米机会成本不断提高的根本原因。玉米劳动力机会成本（即家庭用工折价）由 2004 年的 128.64 元/亩增加至 2016 年的 255.38 元/亩，增幅达到 98.52%；玉米土地机会成本（自营地折租）由 2004 年的 54.67 元/亩增加至

2016 年的 122.51 元/亩，增幅达到了 124.09%。

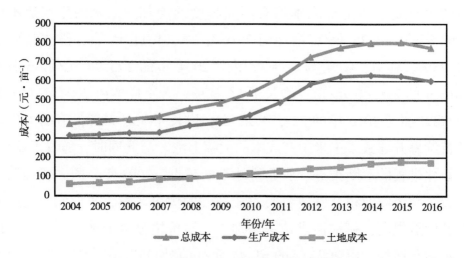

图 3-2   2004—2016 年基于经济成本维度的我国玉米

成本投入动态变化

另外，由于机会成本的增速（年均增长率 6.21%）要明显快于现金成本的增速（年均增长率 2.22%），使得目前我国玉米的机会成本已经超过了现金成本而占据绝对主导地位。玉米的现金成本在总成本中所占的比重由 2004 年的 51.21%下降至 2016 年的 39.85%，而玉米的机会成本在总成本中所占的比重则由 2004 年的 48.79%上升至 2016 年的 60.15%。

（3）基于技术进步路径模式维度　基于技术进步路径模式维度，除其他成本外，2004—2016 年我国玉米的生物化学投入成本、机械投入成本、人工成本和土地成本均有不同程度的增加。生物化学投入成本表现出在波动中略有提高，由 2004 年的 113.47 元/亩增加到 2016 年的 127.14 元/亩，增长幅度达到 12.05%。其中，农药费由 2004 年的 5.62 元/亩增加到 2016 年的 9.56 元/亩，增加幅度达到 70.17%。随着

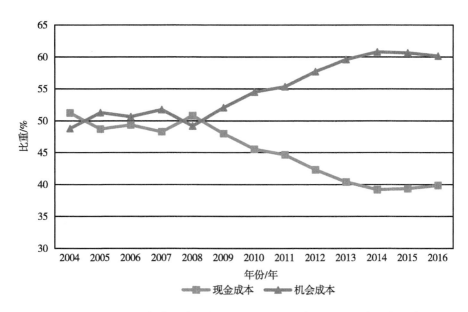

图3-3 2004—2016 年基于会计成本维度的我国玉米成本投入动态变化情况

我国工业化、城镇化进程的不断推进，大量的农业劳动力向二三产业转移。一方面，农业劳动力资源的短缺使得农业生产对机械作业的需求不断增加，机械技术的发展为农业机械化程度的提高创造了条件，政府实施的农机购置补贴政策则进一步提高了农民购置农用机具的积极性，加之能源价格的上涨，致使玉米生产的机械投入成本有所增加，由 2004 年的 28.95 元/亩增加至 2016 年的 78.11 元/亩，增幅达到169.82%；另一方面，农业劳动力的短缺造成农业劳动力价格的上涨以及从事农业生产的机会成本的增加，最终导致玉米人工成本由 2004年的 140.49 元/亩增加至 2016 年的 270.10 元/亩，增幅达到 92.26%。与此同时，土地成本也由 2004 年的 61.44 元/亩增加至 2016 年的140.29%，增幅达 128.34%。

2004—2013 年期间，生物化学投入成本在总成本中所占比重尚高于土地成本，但随着土地价格的不断攀升，2014 年以来土地成本在总成本中所占比重已经超过生物化学投入成本而居于第二位。因此，目前我国玉米生产五类成本及其占总成本的比重由高到低依次为人工成本、土地成本、生物化学投入成本、机械投入成本、其他成本。

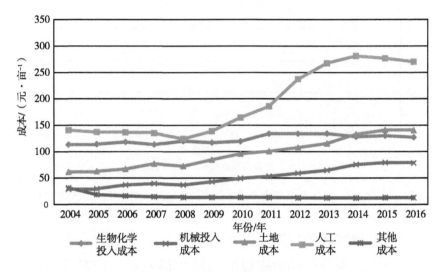

图 3-4 2004—2016 年基于技术进步路径模式维度的 我国玉米成本投入动态变化

3.2.2 玉米产品产出的动态变化特征分析

本节将从产品实物量、产品产值、产品收益 3 个不同维度出发，对我国玉米产品产出的动态变化特征进行分析（图 3-5，图 3-6，图 3-7）。

（1）基于产品实物量的维度 基于产品实物量维度 2004—2016 年我国玉米的主产品产量和主产品出售数量总体呈现先升后降的发展态势。我国是世界主要的玉米生产国，而且国内玉米消费需求量较高，使得我国的玉米产量基本保持稳步递增的发展态势，由于近年来国家

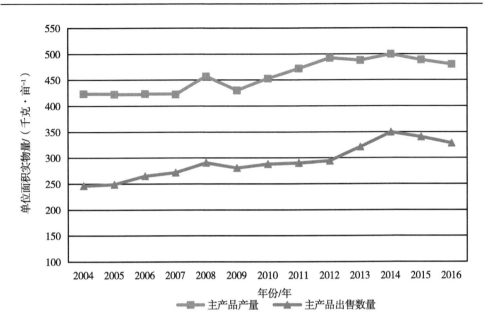

图 3-5 2004—2016 年基于产品实物量维度的我国玉米产品产出动态变化特征情况

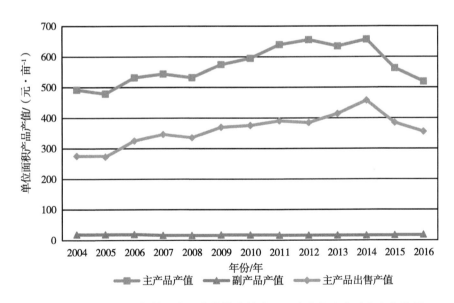

图 3-6 2004—2016 年基于产品产值维度的我国玉米产品产出动态变化特征

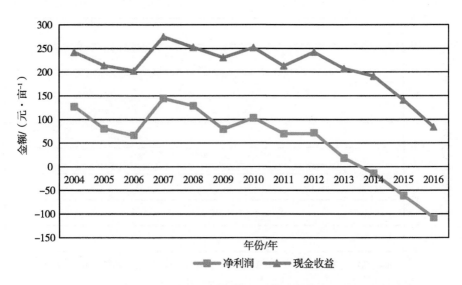

图 3-7　2004—2016 年基于产品收益维度的我国玉米产品产出动态变化特征

实施农业供给侧结构性改革和"镰刀弯"地区种植结构调整，玉米播种面积逐步调减，导致自 2014 年开始我国的玉米产量和销售量均有不同程度的回落。因而，我国玉米的单位面积主产品产量和主产品出售产量先是分别由 2004 年的 423.6 千克/亩和 246.3 千克/亩增加至 2014 年的 499.79 千克/亩和 349.82 千克/亩，增幅分别达到了 17.99% 和 42.03%，随后又分别逐步减少到 2016 年的 480.29 千克/亩和 328.53 千克/亩，降幅分别达到了 3.90% 和 6.09%。主产品出售数量占主产品产量的比重也先由 2004 年的 58.14% 增加至 2014 年的 69.99% 随后又降至 2016 年的 68.40%。

（2）基于产品产值的维度　基于产品产值维度 2004—2016 年我国玉米的主产品产值、主产品出售产值基本保持先升后降的发展态势，副产品产值则保持小幅波动的发展态势。主产品产值、主产品出售产值先是分别由 2004 年的 491.90 元/亩、275.62 元/亩增加至 2014 年的

657.08 元/亩 和 457.19 元/亩，增加幅度分别达到了 33.58% 和
65.88%。玉米主产品出售产值与主产品出售数量的比值基本维持在
1.07～2.22 元/千克，特别是 2014 年以后该比值下滑趋势更为明显，
由 2014 年的 2.22 元/千克下滑到 2016 年的 1.54 元/千克，下滑幅度达
到了 30.63%。而主产品出售产值占主产品产值的比重则是总体保持上
升的发展态势，由 2004 年的 56.03% 下降至 2016 年的 68.53%。

（3）基于产品收益的维度　基于产品收益维度 2004—2016 年我国
玉米生产的净利润呈现出总体下滑的发展态势，而玉米生产的现金收
益虽然之前在波动中略有提高，但 2014 年以后也出现了大幅下滑的发
展态势。净利润受到成本与产值的共同影响，由于总成本的上涨幅度
远大于总收益的上涨幅度，导致我国玉米生产的净利润逐年趋于下降，
2015 年开始更是出现负净利润。我国玉米的净利润由 2004 年的 15.34
元/亩下降到 2016 年的 -15.48 元/亩，下降幅度达到了 200.93%。而
我国玉米生产的现金收益先是由 2004 年的 36.19 元/亩波动增加到
2010 年的 41.76 元/亩，增幅度达 15.40%，随后出现了整体下滑的发
展趋势，下降到 2016 年的 17.63 元/亩，下降幅度达到了 57.80%。

3.2.3　小结

使用消费者物价指数、农业生产资料综合指数对我国玉米的各项
成本进行平减，2004—2016 年间我国玉米生产总成本整体呈逐年增加
的发展态势。其中，在基于经济成本维度下，我国玉米的生产成本与
土地成本均有不同程度的增加，生产成本在总成本中始终占据主导地
位，但其在总成本中所占的比重却呈逐年下降的发展态势，而与此同
时，土地成本在总成本所占的比重则基本保持稳步上升的态势；在基
于会计成本维度下，我国玉米生产的现金成本与机会成本均呈现出在

小幅波动中总体保持稳步上升的发展态势，机会成本已经超过了现金成本而占据绝对主导地位。五类成本及其占总成本的比重由高到低依次为人工成本、土地成本、生物化学投入成本、机械投入成本、其他成本。

使用玉米生产价格指数对玉米的主产品产值、主产品出售产值、副产品产值进行平减，使用农产品生产价格指数对玉米的现金收益和净利润进行平减，2004—2016 年期间，我国玉米在基于产品实物量维度下的主产品产量和主产品出售数量、在基于产品产值维度下的主产品产值、主产品出售产值以及在基于产品收益维度下的现金收益均呈现出先升后降的发展态势，而玉米生产的净利润则呈现出总体下滑的发展态势。我国是世界主要的玉米生产国，而且国内玉米消费需求量较高，使得我国的玉米产量基本保持稳步递增的发展态势，但由于随着近年来国家实施农业供给侧结构性改革和"镰刀弯"地区种植结构调整，玉米播种面积逐步调减，导致自 2014 年开始我国的玉米产量和销售量均有不同的程度的回落。

3.3　不同区域的玉米的成本投入和产品产出的比较

为充分挖掘我国玉米生产潜力，努力增加供给量，切实保障国家粮食安全，《2008—2015 年玉米优势区域布局规划》中根据生态特点、市场区位、生产规模、产业基础等情况，将我国玉米分为北方春玉米区、黄淮海夏玉米区和西南玉米区 3 个优势区域。本研究针对不同优势产区玉米的成本投入和产品产出进行比较分析。北方春玉米区包括黑龙江、吉林、辽宁、内蒙古、宁夏、甘肃、新疆等 7 省（区）玉米种植区，河北、北京北部，陕西北部与山西中北部及太行山沿线玉米种植区。黄淮海夏玉米区涉及黄河流域、海河流域和淮河流域，包括河南、山东、天津，河北、北京大部，山西、陕西中南部和江苏、安徽淮河以北区域。西南玉米区主要由重庆、四川、云南、贵州、广西及湖北、湖南西部的玉米种植区构成，是我国南方最为集中的玉米产区。

为保证数据的可得性与完整性，本节选取黑龙江、吉林、辽宁、内蒙古、宁夏、甘肃、新疆等7个省（区）的成本收益数据，以分析北方春玉米区的玉米成本投入和产品产出，选取河南和山东等2个省（区）的成本收益数据以分析黄淮海夏玉米区的玉米成本投入和产品产出，选取重庆、四川、云南和贵州等4个省（区）的成本收益数据以分析西南玉米区的玉米成本投入和产品产出。

3.3.1 不同区域的玉米成本投入比较分析

本研究将使用统计学的方差分析方法，基于2004—2016年玉米投入成本数据，对三大玉米优势区现阶段基于经济成本维度、会计成本维度、技术进步路径模式维度的成本构成项目进行比较分析，并使用Student-Newman-Keuls（S-N-K）多重比较分析方法进一步探讨不同区域间的差异。

三大优势区玉米总成本的方差分析法结果显示，总成本的单因素方差分析F值为3.991，在5%的显著性水平下显著，表明北方春玉米区、黄淮海夏玉米区和西南玉米区这三大玉米优势区之间的总成本存在显著的差异（表3-2）。

通过使用S-N-K多重比较分析法进一步研究不同区域总成本的差异，结果显示：在5%的显著性水平下，不同区域的玉米总成本存在差异，并将三大玉米优势区总成本划分为两组。根据各组显著性水平确定组界，实际分组为两组，第一组为黄淮海夏玉米区，现阶段总成本为 629.772 元/亩；第二组为北方春玉米区和西南玉米区，现阶段总成本分别为 795.685 元/亩和 868.418 元/亩（表3-3）。

表3-2 不同区域玉米总成本的单因素方差分析结果

Source	平方和	*df*	均方	*F* 值	显著性差异
组间	989 117.241	2	494 558.621	3.991	0.020
组内	20 570 854.759	166	123 920.812		
总数	21 559 972.000	168			

表3-3 不同区域玉米总成本的 S-N-K 多重比较分析结果

区域	N	*P*<0.05	
		1	2
黄淮海夏玉米区	26	629.772	
北方春玉米区	91		795.685
西南玉米区	52		868.418
显著性		1.000	0.336

以下从经济成本、会计成本和技术进步路径模式三个维度出发，比较分析我国不同区域的玉米成本投入情况。

（1）基于经济成本的维度 玉米三大优势区基于经济成本维度的生产成本与土地成本的方差分析法，结果显示，生产成本与土地成本的单因素方差分析 *F* 值分别为 8.330 和 29.258，均在5%的显著性水平下显著，表明三大优势区之间的玉米生产成本与土地成本均存在显著性的差异（表3-4）。

表 3-4　基于经济成本维度的单因素方差分析结果

成本构成项目	F 值	显著性差异
生产成本	8.330	0.000
土地成本	29.258	0.000

使用 S-N-K 多重比较分析法进一步研究不同区域生产成本的差异，结果显示：在 5%的显著性水平下，不同区域的玉米生产成本存在差异，并将三大优势区的玉米生产成本划分为两组。根据各组显著性水平确定组界，实际划分为两组，第一组为西南玉米区，现阶段生产成本为 791.298 元/亩；第二组为黄淮海夏玉米区和北方春玉米区，现阶段生产成本分别为 508.027 元/亩和 621.372 元/亩。由于西南玉米区特殊的生产条件，使得玉米生产机械化程度相对不高，农业机械对劳动力替代作用有限，人工成本要显著高于其他地区，因此其生产成本相对较高（表 3-5）。

表 3-5　不同区域玉米生产成本的 S-N-K 多重比较分析结果

区域	N	$P<0.05$	
		1	2
黄淮海夏玉米区	26	508.027	
北方春玉米区	91	621.372	
西南玉米区	52		791.298
显著性		0.092	1.000

使用 S-N-K 多重比较分析法进一步研究不同区域土地成本的差异，结果显示：在 5%的显著性水平下，不同区域的玉米土地成本存在

差异，并将三大优势区的玉米土地成本划分为 3 组。第一组为西南玉米区，现阶段玉米土地成本为 77.120 元/亩；第二组为黄淮海夏玉米区，现阶段玉米土地成本为 121.745 元/亩；第三组为北方春玉米区，现阶段玉米土地成本为 174.313 元/亩（表 3-6）。

表 3-6   不同区域玉米土地成本的 S-N-K 多重比较分析结果

区域	N	P<0.05		
		1	2	3
西南玉米区	52	77.120		
黄淮海夏玉米区	26		121.745	
北方春玉米区	91			174.313
显著性		1.000	1.000	1.000

（2）基于会计成本的维度   玉米三大优势区基于会计成本维度的现金成本与机会成本的方差分析法结果显示，现金成本与机会成本的单因素方差分析 F 值分别为 19.425 和 10.286，均在 1% 的显著性水平下显著，充分表明玉米三大优势区之间的现金成本与机会成本均存在显著性的差异（表 3-7）。

表 3-7   基于会计成本维度的单因素方差分析结果

成本构成项目	F 值	显著性差异
现金成本	19.425	0.000
机会成本	10.286	0.000

使用 S-N-K 多重比较分析法进一步研究不同区域现金成本的差异，结果显示：在 5% 的显著性水平条件下，不同区域的玉米现金成本存在差异，并将玉米三大优势区域的现金成本划分为两组。第一组为北方春玉米区，现阶段现金成本为 373.052 元/亩；第二组为西南玉米

区和黄淮海夏玉米区，现阶段现金成本分别为 268.052 元/亩和 275.230 元/亩（表3-8）。

表3-8　不同区域玉米现金成本的 S-N-K 多重比较分析结果

区域	N	P<0.05	
		1	2
西南玉米区	52	268.052	
黄淮海夏玉米区	26	275.230	
北方春玉米区	91		373.052
显著性		0.754	1.000

使用 S-N-K 多重比较分析法进一步研究不同区域机会成本的差异，结果显示：在5%的显著性水平条件下，不同区域的玉米机会成本存在差异，并将三大优势区的玉米机会成本划分为两组。第一组为西南玉米区，现阶段的机会成本为 600.366 元/亩；第二组为黄淮海夏玉米区和北方春玉米区，现阶段机会成本分别为 354.541 元/亩和 422.633 元/亩（表3-9）。

表3-9　不同区域玉米机会成本的 S-N-K 多重比较分析结果

区域	N	P<0.05	
		1	2
黄淮海夏玉米区	26	354.541	
北方春玉米区	91	422.633	
西南玉米区	52		600.366
显著性		0.230	1.000

（3）基于技术进步路径模式的维度　玉米三大优势区基于技术进步路径模式维度的生物化学投入成本、机械投入成本、土地成本、人

工成本与其他成本的方差分析法结果显示：生物化学投入成本、机械投入成本、土地成本、人工成本与其他成本的单因素方差分析 F 值分别为 2.732、50.419、29.258、22.860 和 76.339，除生物化学投入成本外，均在 P<0.05 的显著性水平下显著，充分表明玉米三大优势区之间的机械投入成本、土地成本、人工成本与其他成本均存在显著性的差异（表3-10）。

表3-10 基于技术进步路径模式维度的单因素方差分析结果

成本构成项目	F 值	显著性差异
生物化学投入成本	2.732	0.068
机械投入成本	50.419	0.000
土地成本	29.258	0.001
人工成本	22.860	0.000
其他成本	76.339	0.000

使用 S-N-K 多重比较分析法进一步研究不同区域生物化学投入成本的差异，结果显示：在 5% 的显著性水平下，将玉米三大优势区的生物化学投入成本可以划分为一组。现阶段黄淮海夏玉米区、西南玉米区和北方春玉米区的生物化学投入成本分别为 177.581 元/亩、184.549 元/亩和 201.910 元/亩（表3-11）。

表3-11 不同区域玉米生物化学投入成本的 S-N-K 多重比较分析结果

区域	N	P<0.05
黄淮海夏玉米区	26	177.581
西南玉米区	52	184.549
北方春玉米区	91	201.910
显著性		0.108

使用 S-N-K 多重比较分析法进一步研究不同区域机械投入成本的差异，结果显示：在5%的显著性水平下，不同区域的玉米机械投入成本存在差异，并将玉米三大优势区的机械投入成本划分为3组。第一组为西南玉米区，现阶段机械投入成本为 23.029 元/亩；第二组为黄淮海夏玉米区，现阶段机械投入成本为 79.168 元/亩；第三组为北方春玉米区，现阶段机械投入成本为 102.299 元/亩（表3-12）。

表 3-12 不同区域玉米机械投入成本的 S-N-K 多重比较分析结果

区域	N	P<0.05		
		1	2	3
西南玉米区	52	23.029		
黄淮海夏玉米区	26		79.168	
北方春玉米区	91			102.299
显著性		1.000	1.000	1.000

使用 S-N-K 多重比较分析法进一步研究不同区域土地成本的差异，结果显示：在5%的显著性水平下，不同区域的玉米土地成本存在差异，并将三大优势区的玉米土地成本划分为三组。第一组为西南玉米区，现阶段玉米土地成本为 77.120 元/亩；第二组为黄淮海夏玉米区，现阶段玉米土地成本为 121.745 元/亩；第三组为北方春玉米区，现阶段玉米土地成本为 174.313 元/亩（表3-13）。

表 3-13 不同区域玉米土地成本的 S-N-K 多重比较分析结果

区域	N	P<0.05		
		1	2	3
西南玉米区	52	77.120		
黄淮海夏玉米区	26		121.745	
北方春玉米区	91			174.313
显著性		1.000	1.000	1.000

使用 S-N-K 多重比较分析法进一步研究不同区域人工成本的差异，结果显示：在5%的显著性水平下，不同区域的玉米人工成本存在差异，并将三大优势区的玉米人工成本划分为两组。第一组为西南玉米区，现阶段玉米人工成本为 542.862 元/亩；第二组为北方春玉米区和黄淮海夏玉米区，现阶段玉米人工成本分别为 294.627 元/亩和 242.019 元/亩（表 3-14）。

表 3-14 不同区域玉米人工成本的 S-N-K 多重比较分析结果

区域	N	P<0.05	
		1	2
黄淮海夏玉米区	26	242.019	
北方春玉米区	91	294.627	
西南玉米区	52		542.862
显著性		0.293	1.000

使用 S-N-K 多重比较分析法进一步研究不同区域其他成本的差异，结果显示：在5%的显著性水平下，不同区域的玉米其他成本存在差异，并将三大优势区的玉米其他成本划分为 3 组。第一组为黄淮海夏玉米区，现阶段玉米其他成本为 9.262 元/亩；第二组为北方春玉米区，现阶段玉米其他成本为 22.535 元/亩；第三组为西南玉米区，现阶段玉米其他成本为 40.858 元/亩（表 3-15）。

表 3-15 不同区域玉米其他成本的 S-N-K 多重比较分析结果

区域	N	P<0.05		
		1	2	3
黄淮海夏玉米区	26	9.262		
北方春玉米区	91		22.535	
西南玉米区	52			40.858
显著性		1.000	1.000	1.000

3.3.2　不同区域的玉米产品产出比较分析

本研究使用统计学的方差分析方法，基于 2004—2016 年玉米产品产出数据，对玉米三大优势区现阶段基于产品实物量维度、产品产值维度、产品收益维度的产品产出情况进行比较分析，并使用 Student-Newman-Keuls（S-N-K）多重比较分析方法进一步探讨不同区域间的差异。

（1）基于产品实物量的维度　玉米三大优势区基于产品实物量维度的主产品产量、主产品出售产量的方差分析结果显示，主产品产量、主产品出售产量的单因素方差分析 F 值分别为 63.821 和 44.040，均在1% 的显著性水平下显著，表明玉米三大优势区之间的主产品产量、主产品出售产量均存在显著性的差异（表 3-16）。

表 3-16　基于产品实物量维度的单因素方差分析结果

成本构成项目	F 值	显著性
主产品产量	63.821	0.000
主产品出售产量	46.040	0.000

使用 S-N-K 多重比较分析法进一步研究不同区域主产品产量的差异，结果显示：在 5% 的显著性水平下，不同区域的玉米主产品产量存在差异，并将玉米三大优势区的主产品产量划分为 3 组。第一组西南玉米区，现阶段主产品产量为 385.087 千克/亩；第二组为黄淮海夏玉米区，现阶段主产品产量为 460.853 千克/亩；第三组为北方春玉米区，现阶段主产品产量为 518.993 千克/亩（表3-17）。

表 3-17　不同区域玉米主产品产量的 S-N-K 多重比较分析结果

区域	N	P<0.05		
		1	2	3
西南玉米区	52	385.087		
黄淮海夏玉米区	26		460.853	
北方春玉米区	91			518.993
显著性		1.000	1.000	1.000

使用 S-N-K 多重比较分析法进一步研究不同区域主产品出售产量的差异，结果显示：在 5% 的显著性水平下，不同区域的玉米主产品出售产量存在差异，并将玉米三大优势区的主产品出售产量划分为两组。第一组为西南玉米区，现阶段主产品出售产量为 167.567 千克/亩；第二组为北方春玉米区和黄淮海夏玉米区，现阶段主产品出售产量分别为 332.997 千克/亩和 343.976 千克/亩（表3-18）。

表 3-18　不同区域玉米主产品出售产量的 S-N-K 多重比较分析结果

区域	N	P<0.05	
		1	2
西南玉米区	52	167.567	
北方春玉米区	91		332.997
黄淮海夏玉米区	26		343.976
显著性		1.000	0.626

（2）基于产品产值的维度　玉米三大优势区基于产品产值维度的主产品产值、副产品产值和主产品出售产值的方差分析结果显示，主产品产值、副产品产值和主产品出售产值的单因素方差分析 F 值分别为 2.359、10.870 和 13.395，除主产品产值外，均在 5% 的显著性水平下显著，表明玉米三大优势区之间的副产品产值和主产品出售产值均

存在显著性的差异（表 3-19）。

表 3-19　基于产品产值维度的单因素方差分析结果

成本构成项目	F 值	显著性差异
主产品产值	2.359	0.098
副产品产值	10.870	0.000
主产品出售产值	13.395	0.002

使用 S-N-K 多重比较分析法进一步研究不同区域主产品产值的差异，结果显示：在 5% 的显著性水平下，将玉米三大优势区的主产品产值划分为一组。现阶段西南玉米区、黄淮海夏玉米区和北方春玉米区的主产品产值分别位 757.369 元/亩、795.746 元/亩和 853.706 元/亩（表 3-20）。

表 3-20　不同区域玉米主产品产值的 S-N-K 多重比较分析结果

区域	N	$P < 0.05$
西南玉米区	52	757.369
黄淮海夏玉米区	26	795.746
北方春玉米区	91	853.706
显著性		0.196

使用 S-N-K 多重比较分析法进一步研究不同区域副产品产值的差异，结果显示：在 5% 的显著性水平下，不同区域的玉米副产品产值存在差异，并将玉米三大优势区的副产品产值划分为两组。第一组为北方春玉米区，现阶段副产品产值为 32.759 元/亩；第二组为黄淮海夏玉米区和西南玉米区，现阶段副产品产值为 19.513 元/亩和 24.021元/亩（表 3-21）。

表 3-21　不同区域玉米副产品产值的 S-N-K 多重比较分析结果

区域	N	P<0.05	
		1	2
黄淮海夏玉米区	26	19.513	
西南玉米区	52	24.021	
北方春玉米区	91		32.759
显著性		0.156	1.000

使用 S-N-K 多重比较分析法进一步研究不同区域主产品出售产值的差异，结果显示：在 5% 的显著性水平下，不同区域的玉米主产品出售产值存在差异，并将玉米三大优势区的主产品出售产值划分为两组。第一组为西南玉米区，现阶段主产品出售产值为 351.975 元/亩；第二组为黄淮海夏玉米区和北方春玉米区，现阶段主产品出售产值分别为 599.595 元/亩和 539.648 元/亩（表 3-22）。

表 3-22　不同区域玉米主产品出售产值的 S-N-K 多重比较分析结果

区域	N	P<0.05	
		1	2
西南玉米区	52	351.975	
北方春玉米区	91		539.648
黄淮海夏玉米区	26		599.595
显著性		1.000	0.242

（3）基于产品收益的维度　玉米三大优势区基于产品收益维度的净利润、现金收益的方差分析结果显示，净利润、现金收益的单因素方差分析 F 值分别为 17.710 和 0.188，除现金收益外，在 1% 的显著性水平下显著，表明玉米三大优势区的净利润存在显著性的差异（表 3-23）。

表 3-23　基于产品收益维度的单因素方差分析结果

成本构成项目	F 值	显著性差异
净利润	17.710	0.000
现金收益	0.188	0.829

使用 S-N-K 多重比较分析法进一步研究不同区域玉米净利润的差异，结果显示：在 5% 的显著性水平下，不同区域的玉米净利润存在差异，并将玉米三大优势区的净利润划分为两组。第一组为北方春玉米区和黄淮海夏玉米区，现阶段净利润分别为 95.396 元/亩和 185.487 元/亩；第二组为西南玉米区，现阶段净利润为 -87.028 元/亩。净利润受到总成本与总产值的共同影响（表 3-24）。

表 3-24　不同区域玉米净利润的 S-N-K 多重比较分析结果

区域	N	$P<0.05$	
		1	2
西南玉米区	52	-87.028	
北方春玉米区	91		95.396
黄淮海夏玉米区	26		185.487
显著性		1.000	0.052

使用 S-N-K 多重比较分析法进一步研究不同区域玉米现金收益的差异，结果显示：在 5% 的显著性水平下，将玉米三大优势区的现金收益划分为一组。现阶段西南玉米区、北方春玉米区和黄淮海夏玉米区的现金收益分别为 513.338 元/亩、518.029 元/亩和 540.028 元/亩。现金收益受到现金成本与总产值共同影响（表 3-25）。

表 3-25　不同区域玉米现金收益的 S-N-K 多重比较分析结果

区域	N	$P<0.05$
西南玉米区	52	513.338
北方春玉米区	91	518.029
黄淮海夏玉米区	26	540.028
显著性		0.782

3.3.3　小结

我国玉米生产初步成型了北方春玉米区、黄淮海夏玉米区和西南玉米区等玉米三大优势产区。

成本投入方面，通过运用方差分析法及 Student-Newman-Keuls（S-N-K）多重比较分析方法进一步探讨不同区域间的差异性，结果显示：我国玉米三大优势区总成本存在显著性的差异。现阶段黄淮海夏玉米区总成本为 629.772 元/亩，北方春玉米区和西南玉米区总成本分别为 795.685 元/亩和 868.418 元/亩。与此同时，玉米三大优势区基于经济成本维度的玉米生产成本与土地成本，基于会计成本维度的现金成本与机会成本，基于技术进步路径模式维度（生物化学投入成本除外）机械投入成本、土地成本、人工成本与其他成本，均存在显著性的差异。

产品产出方面，玉米三大优势区基于产品实物量维度的主产品产量与主产品已出售产量，基于产品产值维度（主产品产值除外）的副产品产值、主产品已出售产值，基于产品收益维度的净利润（现金收益除外），均存在显著性的差异。

3.4　本章小结

本章节主要运用静态分析法分析玉米投入和产出的现阶段特征，运用动态分析法分析玉米投入和产出的动态演变趋势，运用方差分析法与 S–N–K 分析法比较分析不同区域的玉米成本投入和产出状况。主要研究结论如下。

（1）我国玉米成本投入和产品产出的现阶段特点　成本投入方面，现阶段我国玉米总成本为 1065.69 元/亩，基于经济成本维度的生产成本与土地成本分别为 831.79 元/亩和 464.22 元/亩，基于会计成本维度的现金成本与机会成本分别为 419.32 元/亩和 636.99 元/亩，基于技术进步路径模式维度的生物化学投入成本、机械投入成本、人工成本、土地成本和其他成本分别为 220.32 元/亩、125.93 元/亩、464.22 元/亩、224.52 元/亩和 21.33 元/亩。产品产出方面，现阶段我国玉米基于产品实物量维度的主产品产量和主产品已出售产量分别为 489.23 千克/亩和 335.04 千克/亩，基于产品产值维度的主产品产值、副产品产值和主产品已出售产值分别为 960.96 元/亩、27.47 元/亩和 652.36 元/亩，基于产品收益维度的净利润和现金收益分别为 −68.64 元/亩和 568.41 元/亩。

（2）我国玉米成本投入和产品产出的动态变化特征　成本投入方面，2004—2016 年，我国玉米总成本总体呈现出逐年增加的发展态势。基于经济成本维度下的生产成本与土地成本，基于会计成本维度下的现金成本与机会成本，基于技术进步路径模式维度下，除其他成本外，生物化学投入成本、机械投入成本、人工成本、土地成本均有不同程度的增加。产品产出方面，2004—2016 年，我国玉米在基于产品实物量维度下的主产品产量和主产品出售数量、在基于产品产值维度下的主产品产值、主产品出售产值总体呈现出先升后降的发展态势。在基于产品收益维度下的净利润呈现出总体下滑的发展态势，而玉米生产的现金收益虽然之前在波动中略有提高，但2014年以后也出现了大幅下滑的发展态势。

（3）玉米三大优势区成本投入和产品产出比较分析　成本投入方面，我国玉米三大优势区总成本，基于经济成本维度的玉米生产成本与土地成本，基于会计成本维度的现金成本与机会成本，基于技术进步路径模式维度（生物化学投入成本除外）的机械投入成本、土地成本、人工成本与其他成本，均存在显著性的差异。产品产出方面，我国玉米三大优势区基于产品实物量维度的主产品产量和主产品出售产量，基于产品产值维度（主产品产值除外）的副产品产值和主产品出售产值，基于产品收益维度的净利润（现金收益除外），均存在显著性的差异。

4 中美玉米生产的成本差异比较研究

美国和中国是世界上玉米产量最大的两个国家。美国多采用大规模、机械化的生产经营方式，而中国则仍是以农户家庭为基本生产单位的生产经营方式。生产经营方式的不同使得中美两国玉米生产的成本水平和成本构成上有着很大的差异。本章旨在通过借鉴中国农业科学院农业信息研究所卢德成（2018）的研究成果，对中国与美国生产成本的差异性进行比较研究，分析美国在玉米生产过程中在成本控制方面的启示，进而为中国玉米生产发展提供科学决策参考。

4.1 中美农作物成本核算体系及指标调整

由于不同国情、自然条件、要素禀赋等因素的差异，使得中美两国在农作物成本收益核算体系方面存在一定的差异。中美玉米生产及成本核算体系亦有较大的差异，无法用来进行直接比较，因此需要在梳理两者核算体系的基础上，对两个国家的比较指标进行调整。

4.1.1 中美农作物成本核算体系概述

美国的农产品成本核算体系与中国的成本核算体系有所不同，包括作物生产的运营成本（Operation Costs）和间接费用（Allocated Overhead）两部分。其中，运营成本包含种子费、肥料、农药等投入品费用、机械作业费、燃料、润滑油和电力费、排灌费、修理费用以及作业资本利息等方面；间接费用包含设备折旧、雇工费、未付费劳动（一般是农场主等家庭劳动力）机会成本、土地机会成本（地租）、税金与保险费用以及农场生产经营过程中产生的管理费用等方面。

中国的农作物核算体系包括生产成本和土地成本两部分，生产成本又分为物质与服务费用和人工成本。其中，物质与服务费用包括种子费、化肥和农家肥费用、农药费、农膜费、机械作业及相关费用、排灌费、农技服务费、设施的修理维护费等直接费用以及生产经营中的固定资产折旧、保险费、管理、财务、销售等环节产生的间接费用。

4.1.2 中美玉米成本比较指标调整

中美不同的农作物成本核算体系的差异会对比较研究产生影响，必须要按一定方法对成本指标做出相应的调整，从而使两者之间最大程度上具有较好的可比性。从以往国内研究学者所用的方法上看：万劲松（2003）利用经济成本理论，将总成本分为现金成本和机会成本两部分进行比较。田新建（2005）利用西方经济学的成本论，按可变成本（AVC）和不变成本（AFC）进行成本指标分类。刘爱民、徐丽明（2002），张亚伟、朱增勇（2013），范少玲、史建民（2014）等则是按作物生产过程中的费用产生方式，将成本指标转化为直接成本和间接成本进行比对。本研究采取将不同成本项目转化成直接成本和间接成本的方式进行对比口径的调整。其中：直接成本包括玉米生产过程中所直接产生的物质资料投入、农机具投入、雇工和维修服务等费用；间接成本包括土地成本、人工成本、固定资产折旧和保险等费用（表4-1）。

表 4-1 中美玉米成本收益核算体系及比较指标调整

中国成本核算体系	美国成本核算体系	调整后的核算体系
总成本	总成本	总成本
生产成本	运营成本	直接成本
物质与服务费用	种子费	种子费
直接费用	肥料费	肥料费
种子费	农药费	农药费
化肥费	作业费	作业费
农家肥费	燃料动力费	排灌费
农药费	修理费	燃料动力费
农膜费	排灌费	修理费
租赁作业费	利息	其他直接费用
燃料动力费	分摊费用	间接成本
技术服务费	雇工费用	土地成本
工具材料费	家庭劳动机会成本	家庭用工成本
修理维护费	固定资产折旧	雇工费
其他直接费用	土地机会成本	固定资产折旧
间接费用	税金与保险费	保险与税金
固定资产折旧	管理费	其他管理费用
税金		
保险费		
管理费		
财务费		
销售费		
人工成本		
家庭用工折价		
雇工费用		
土地成本		

（续表）

中国成本核算体系	美国成本核算体系	调整后的核算体系
流转地租金		
自营地折租		

数据来源：中国数据来自历年《全国农产品成本收益资料汇编》；美国数据来自美国农业部（USDA）计算得来。

4.2 中美玉米生产的成本差异比较分析

由于中美两国农业发展水平不同，单纯进行比较成本高低的意义并不大。因此，本研究将着重从成本水平高低和成本结构情况两个方面出发，深入比较中美两国在玉米生产的成本方面所存在的主要差异。

4.2.1 中美玉米生产的成本水平差异分析

从总体发展的角度来看，除个别年份有所下降外，1998—2016 年期间中美两国玉米生产的成本状况整体均表现出不断上涨的发展态势。其中，中国玉米生产的总成本由 1998 年的 356.56 元/亩增加到 2016 年的 1 065.59 元/亩，而美国玉米生产的总成本则由 1998 年的 489.42 元/亩增加到 2016 年的 700.90 元/亩。但是，从玉米生产的成本数量和变动规律方面来看，中美两国之间尚存在一定的差异，主要体现在以下两个方面。

一方面，中国的玉米生产正由低成本优势变为高成本劣势。虽然在 1998—2009 年这一发展阶段，中国玉米生产的年亩均成本一直低于美国同年度水平，玉米生产尚具备一定的成本优势，但是与此同时，中国玉米成本的涨幅也要明显高于美国。2010 年，中国玉米生产的成本首次超过美国，此后中国玉米生产的成本便一直高于美国，玉米生产的低成本优势开始变为高成本劣势。而且，在2010—2015年期间，两国玉米生产的成本差距正在不断扩大。2015年，中美玉米每亩成本差值达到最高的389.29元。2016年，中国玉米生产的成本有所下降，而美国生产的成本仍有上升，使得两国成本差距有所收窄，但两国之间玉米生产的成本差值依然达到了364.69元/亩。另一方面，中美玉米生产的成本变动规律各不相同。从成本变动规律的角度来看，中美两国之间存在显著的差异。中国玉米生产的成本呈现出先波动下降，再连年激增，后迅速回落的变动趋势；而美国玉米生产的成本则始终基本呈现出平稳波动的变动规律。1998—2016年期间，中国玉米生产的成本总体不断上升，年均上涨幅度达6.3%。具体来看，2004年之前，除2002年有所增长外，各年度成本走势以下降为主，1999—2003年分别同比增长-5.4%、-2.0%、-0.8%、7.2%、-1.1%。此后，随着国家城镇化进程的深入和国民收入的不断提高，2004年起中国玉米成本开始出现快速上升的势头，尤其是2010—2012年3年间，成本同比增长分别达到了13.1%、26.2%、20.9%。2013年起，在国家粮食生产政策和农业集约化生产模式转型取得成效的影响下，玉米生产成本过快增长的局面得到有效遏制，增速明显放缓，2013—2015年玉米成本分别同比增长9.5%、5.1%和1.9%，2016年中国玉米成本实现负增长，当年下降1.7%。相比中国，美国玉米生产的成本变动则始终呈现出较为平稳的波动上升态势。1998—2016年，美国玉米生产的成本年均增长幅度达到2.0%，显著低于中国玉米生产的成本的6.3%的年均增速水平。1998—2003年，美国玉米生产的成本与中国相似，呈现总体下降的态势，年均增长率为-0.6%，与中国同期成本年均变化情况基本持平。2004年起，美国玉米生产的成本增长速度有所加快，但增长速度仍然远低中国同期增速，2005—2016 年两国玉米生产的成本年均增长率分别为 2.7% 和 9.5%，美国玉米生产的成本显示出更加稳定的变动规律。

4.2.2 中美玉米生产的成本结构差异分析

除了成本数量和变动规律存在差异外，中国和美国玉米生产成本的差异性还体现在两国玉米生产成本的构成。

第一，中国玉米生产的成本结构以间接费用为主，而美国玉米生产的成本结构则相对比较均衡。从表 4-2 中可以看出：2016 年，中国玉米生产过程中产生的间接费用（占比 65.2%）占总成本的比重高于直接费用占比（占比 34.8%），成本支出主要集中于家庭用工（40.0%）、土地成本（21.9%）等项目之中。与之不同的是，美国玉米生产成本结构中的直接费用与间接费用的总体比例相当，各自约占50.0%（直接费用 48.3%、间接费用 51.7%），各成本项目支出占总成本的比重相对比较均衡。

表 4-2　2016 年中美玉米生产的成本构成情况比较

成本构成	中国		美国	
	金额（元/亩）	占比（%）	金额（元/亩）	占比（%）
总成本	1065.59	100	700.9	100
直接费用	375.91	34.8	338.31	48.3
种子费	56.56	5.3	107.9	15.4
肥料费	138.52	13.0	126.63	18.1
农药费	16.22	1.5	31.5	4.5
作业费	138.07	13.0	21.24	3.0
排灌费	17.59	1.7	21.19	3.0

（续表）

成本构成	中国		美国	
	金额（元/亩）	占比（%）	金额（元/亩）	占比（%）
燃料动力费	0.46	0.0	28.92	4.1
修理费	0.99	0.1	0.15	0.0
其他直接费用	2.13	0.2	0.78	0.1
间接费用	707.27	65.2	362.56	51.7
土地成本	237.94	21.9	183.12	26.1
家庭用工成本	433.13	40.0	29.16	4.2
雇工费	24.97	2.3	3.73	0.5
固定资产折旧	3.04	0.3	112.81	16.1
保险与税金	6.71	0.6	12.03	1.7
其他管理费用	1.48	0.1	21.71	3.1

数据来源：《全国农产品成本收益资料汇编 2016》

　　第二，不同成本项目占比差异明显。以 2016 年成本构成情况为例，中国玉米生产成本结构中占比最高的六大类费用支出依次是：家庭用工成本、土地成本、肥料费、作业费、种子费、雇工费；而美国玉米生产成本结构中占比最高的六大类费用支出则依次是：土地成本、肥料费、固定资产折旧、种子费、农药费、家庭用工成本（表 4-3）。其中，中美两国土地成本和肥料费的支出占比比较相似，2016 年中美玉米生产每亩土地成本支出占总成本比重分别为 21.9%、26.1%，肥料费则分别为 12.8%、18.1%。差异性非常明显的成本项目为家庭用工成本、固定资产折旧、作业费和种子费。2016 年，中美玉米生产每亩家庭用工投入占总成本的比重分别是 40.0%、4.2%，固定资产折旧所占的比重分别为 0.3%、16.1%，作业费占比分别为 12.7%、3.0%，种子费则分别占比 5.2%、15.4%。说明中国在家庭用工和作业费支出明显多于美国，在固定资产折旧和种子费支出上则明显低于美国。

表 4-3　中美玉米生产的成本中前 8 类费用支出比重对比（2016 年）

中国		美国	
家庭用工成本	40%	土地成本	26%
土地成本	22%	肥料费	18%
肥料费	13%	固定资产折旧	16%
作业费	13%	种子费	15%
种子费	5%	其他费用	12%
其他费用	3%	农药费	5%
雇工费	2%	燃料动力费	4%
排灌费	2%	家庭用工成本	4%

数据来源：中国数据来自《全国农产品成本收益资料汇编 2017》；美国数据来自美国农业部（USDA）计算得来。

第三，不同时期、不同成本项目变动规律不同。1998—2004 年期间，中国玉米成本结构中，直接成本年均增速为 1.2%，略高于间接成本 0.7%的增长速度（表 4-4）。其中，增速最快的 5 类费用支出分别是：雇工费（21.6%）、燃料动力费（9.9%）、农药费（4.3%）、土地成本（3.9%）、种子费（3.1%）。而与此同时，美国玉米成本结构中，间接成本则是负增长，年均增长-0.3%，直接成本增速为 2.3%，显著高于间接成本。其中，增速最快的 5 类费用支出分别是：肥料费（4.7%）、排灌费（4.1%）、种子费（3.5%）、其他管理费用（1.3%）、土地成本（1.1%）。2005—2016 年，中国玉米成本项目的变动规律发生很大变化，间接成本年均增速猛增至 11.1%，高于直接成本的 7.0%增长速度。增速最快的 5 类费用支出变为：保险与税金（19.7%）、土地成本（12.1%）、作业费（11.7%）、家庭用工成本

（10.9%）、雇工费（9.2%）。美国直接成本增速相较 1998—2004 年小幅上升至 2.7%，间接成本增速明显，但平均增速仍略低于直接成本增速。增速前 5 类费用支出分别是：种子费（6.4%）、作业费（4.2%）、燃料动力费（4.0%）、土地成本（3.5%）、保险与税金（2.9%）。

表 4-4　中美玉米生产的成本构成项目变化情况　　（单位：%）

成本构成	中国年均增长率		美国年均增长率	
	1998—2004	2005—2016	1998—2004	2005—2016
总成本	0.88	9.51	0.85	2.72
直接成本	1.22	7.02	2.29	2.73
种子费	3.13	7.87	3.46	6.39
肥料费	1.71	3.97	4.71	2.79
农药费	4.28	8.68	-0.37	0.20
作业费	1.27	11.70	0.39	4.24
排灌费	1.60	6.11	4.14	-4.65
燃料动力费	9.94	3.35	-1.34	3.95
修理费	-14.78	-3.53	-3.94	-0.58
其他直接费用	-8.94	3.85	-15.51	-14.21
间接成本	0.66	11.05	-0.29	2.70
土地成本	3.93	12.09	1.09	3.47
家庭用工成本	-0.61	10.89	-2.09	-0.17
雇工费	21.63	9.22	0.08	2.61
固定资产折旧	-6.33	-1.98	-1.35	2.46
保险与税金	0.19	19.68	-3.83	2.90
其他管理费用	-15.45	-4.23	1.32	2.24

数据来源：根据历年《全国农产品成本收益资料汇编》计算得来。

4.3 中美玉米生产的成本差异的成因分析

由于中美两国经济发展水平、地理条件、气候因素和农业政策等方面的不同，使得其在农业生产规模、生产方式、生产科技含量和生产保障手段等方面有所不同，成为造成两国玉米生产成本差异产生的主要原因。

4.3.1 生产规模

生产规模的不同是造成中美玉米生产成本之间差异的最重要原因。美国土地辽阔、农业现代化程度高，适宜进行规模化生产，主要采用农场主大规模种植的生产模式，而中国的土地经营规模相对较小，许多地区仍以农户种植为主，生产规模与美国的大规模农场生产之间存在差距，使得中国单位面积投入的劳动力数量远大于美国，使得美国相对于中国玉米生产在规模经济方面的比较优势巨大。这种优势直观地体现在了人工成本方面：2016 年，中国玉米生产在家庭用工和雇工两方面产生的成本费用分别比美国高了 13.9 倍和 5.7 倍。

4.3.2 生产方式

在美国，许多农场主都拥有装备齐全的玉米耕收机械，玉米生产主要采取机械化生产方式进行，美国成本结构中的固定资产折旧和燃料动力费两项费用的占比非常高，2016 年两者占比之和达到总成本的 20.2%，远大于中国。与美国相比，中国农业现代化发展仍与美国有所差距，许多生产主体本身没有机械化装备，因此玉米生产的机械化程度不高，许多农田改造和耕收作业需要通过租赁农机具设备等方式完成，这就使得中国在作业费方面的支出要大于美国，2016 年中国玉米生产的作业费支出为 138.06 元/亩，远高于美国的 21.24 元/亩。

4.3.3 科技含量

美国玉米在生产过程中投入的科技含量水平要高于中国，这主要体现在种子费和肥料费等费用支出上。2016 年，中美两国在种子费方面的支出分别是 56.60 元/亩和 107.89 元/亩，美国在种子方面的支出几乎是中国的 2 倍。同时，美国在化肥等肥料的利用率方面也高于中国，2016 年，中美两国在肥料费方面的支出分别为 138.49 元/亩和 126.59 元/亩，美国肥料费支出要低于中国，在肥料利用率方面的科技投入力度要优于中国。

4.3.4 保障手段

政府补贴和金融保险是中美两国保障农业生产的两个主要方式。在美国，美国农业部最新的农业政策中已经大幅弱化了粮食生产补贴政策，取而代之的是以金融保险为主的风险管理政策体系。在中国，玉米生产的主要保障手段仍是各种政策性补贴，金融保险也正在迅速发展，但发展程度还不够高。2016 年，中美在玉米生产的保险与税金方面的支出占总成本的比重分别是 0.6%、1.7%。美国玉米生产的保险费支出占比接近中国的 3 倍，这也是美国敢于控制玉米定价的原因之一。值得一提的是，农业保险在我国发展时间较短，但科学的保险手段有助于在风险到来时保护农业生产主体的切实利益，在成本结构中扩大保险支出是颇为有利的，而当前中国农业保险的发展仍受金融信贷渠道缺失和农民投保意愿较低等因素的影响，玉米生产过程中也是如此。未来，采取合理方式引导农民积极参与保险，可以切实增强农民种植玉米的信心和积极性。建议政府部门积极引导种植玉米的农民参与到玉米生产保险中，在遇到突发情况的同时，不至于产生额外成本，造成损失。

4.4　借鉴与启示

4.4.1　因地制宜采取集约化、机械化方式生产

美国根据其地理条件和经济发展水平，在玉米生产中采用规模化、机械化的生产方式。这种方式一方面可以通过规模化生产缩减大量人工成本，另一方面可以通过机械化耕收有效提高玉米生产效率。目前，美国玉米单产水平全球领先。对于中国而言，由于地理条件和农业发展水平的不同，在中国全面实施规模化生产并不现实，也不科学。中国可以通过土地流转等方式，因地制宜地在全国范围内推广以适度规模经营为主要方式的规模化生产，能够高效发挥规模经济带来的效益，抑制人工成本过快增长。另一方面，机械化生产方式对地理条件的要求并不高，中国可以因地制宜地选择和使用大、中、小型农业机械设备，循序渐进发展，稳步提高玉米生产的机械化水平，政府部门也可适当加大对农机具使用的补贴力度，抵消部分因购置农机具而增加的成本支出，直至实现全面机械化生产。

4.4.2　提高玉米生产的科技含量

从美国玉米生产成本构成可以看出，种子费、肥料费、燃料动力费等能侧面反映技术含量的成本项目占比都较高，相比较而言，目前中国玉米生产过程中的科技含量较低，种子质量较差和化肥利用率偏

低是主要表征，从成本结构中也可以看出端倪。中国可以借鉴美国成本构成特点，从增加良种研发投入，适当增加种子费用以换取玉米单产的提高，采用测土配方施肥等科技手段，提高肥料利用效率，降低肥料使用量，降低肥料支出等方面，切实提高玉米生产中的科技含量，从而不断提高玉米生产效率。

4.4.3 科学制定玉米相关产业政策

从美国玉米产业发展条件来看，农业保险有助于在风险到来时保护农业生产主体的切实利益，在美国农业风险管理政策体系的实践中，成本结构中扩大保险支出对本国玉米产业发展颇为有利，因此美国政策倾向补贴、保险相结合的方式，这种政策制定策略符合产业发展规律。相比较而言，当前我国玉米产业政策在客观上存在不合理因素，例如不合理的玉米收储政策使得市场不能对资源配置起到主要作用，长期以来不利于玉米产业的发展。因此，中国农业有关部门在制定玉米产业政策时，应重视政策的科学性、合理性，在规划产业政策和布局时应具长远眼光，避免因小失大。

4.5 本章小结

美国和中国是世界上玉米产量最大的两个国家。美国在玉米生产方面多采用大规模、机械化的生产经营方式，而中国在玉米生产方面则仍是以农户家庭为基本生产单位的生产经营方式。生产经营方式的不同使得中美两国玉米生产的成本水平和成本构成上有着很大的差异。与美国相比，中国玉米成本由低成本优势逐渐转变为高成本劣势，中国玉米成本呈现出先波动下降，再连年激增，后迅速回落的变动趋势，美国玉米成本则始终呈现平稳波动的变动规律。中美玉米成本构成存有差异。2016 年，中国玉米生产成本结构中占比最高的 6 类费用依次是：家庭用工成本、土地成本、肥料费、作业费、种子费、雇工费；美国则依次是：土地成本、肥料费、固定资产折旧、种子费、农药费、家庭用工成本。不同时期，不同成本项目的变动规律也各不相同。成本差异的产生原因是生产规模不同、生产方式不同、科技含量不同和保障手段不同。

5 玉米生产收益的影响因素分析

玉米生产活动受到基本投入要素、自然环境条件、经济发展阶段与区域环境、制度环境等众多因素的影响。因此，首先基于超越对数（Translog）生产函数构建玉米的生产函数模型，判定影响我国玉米生产收益的主要因素，并测算不同投入要素在几何平均数处的生产弹性，进而评估这些投入要素及其他影响因素的变化对玉米生产收益影响的敏感程度。通过分析玉米生产收益的影响因素，为提高玉米生产的收益提供路径与方向。

5.1 研究方法与数据处理

5.1.1 研究方法

（1）生产函数构建 影响收益的因素主要包括玉米生产的基本投入要素、自然环境条件、经济发展阶段与区域环境以及制度环境等。本章节选择随机前沿生产函数方法来分析。随机前沿生产函数的形式 Cobb-Douglas 函数外，超越对数（Translog）生产函数更为常用。超越对数生产函数具有灵活的函数形式，在考虑各投入要素间的替代效应和交互效应的同时，还纳入了时间变化的影响，而且能够有效避免函数形式的错误设定所带来的偏差。玉米生产函数的基本形式为：

$$\ln Y_{it} = \beta_0 + \sum_i \beta_j \ln X_{ijt} + 1/2 \sum_i \sum_j \beta_{jk} \ln X_{ijt} \ln X_{ikt}$$
$$+ \gamma_{it} W_{it} + \theta_{it} Z_{it} + \sum_n \delta_n D_n + \pi_{it} Q_{it} + V_{it} \qquad (5\text{--}1)$$

其中，$\ln Y_{it}$ 表示第 i 个省份第 t 年的玉米生产对数产出，本研究选择（每亩）现金收益作为玉米生产的产出变量。（每亩）现金收益的核算方法为：（每亩）均净利润加上相应的（每亩）补贴收入、每亩家庭用工这件和自营地折租，再减去（每亩）成本外支出。（每亩）现金收益考虑了机会成本，并不影响玉米生产者现实的净收益，但会影响玉米生产者的种粮积极性和是否进行玉米生产的决策行为。$\ln X_{ijt}$ 和 $\ln X_{ikt}$ 表示第 i 个省份第 t 年第 j、k 种基本投入要素的对数投入，玉米生产的基本投入要素主要包括生物化学投入、机械投入、劳动投入、土地投入和其他投入。W_{it} 表示第 i 个省份第 t 年影响玉米产出的自然环境条件，主要包括水灾、旱灾等自然灾害，此处以受灾比例代替。Z_{it} 表示第 i 个省份第 t 年影响玉米产出的经济发展阶段因素，此处 Z_{it} 为虚拟变量，表示经济发展新常态与全面深化改革阶段（2014 年至今），其参照变量为统筹城乡经济发展与市场经济体制不断完善阶段（2000—2013）[①]。D_n（$n=1$，2）表示影响玉米产出的区域环境因素，为虚拟变量，分别表示东北春玉米优势区和西南玉米优势区，参照变量为黄淮海夏玉米优势区。Q_{it} 表示第 i 个省份第 t 年影响玉米产出的制度环境因素，以（每亩）补贴收入替代。β_j、β_{jk}、ρ_T、γ_{it}、θ_{it}、δ_n、

---

① 我国的经济政策环境变迁大致可以划分为五个阶段：改革启动和大力加强农业产业发展阶段（1978—1984）、市场改革的探索和结构调整阶段（1985—1991）、全面市场经济建设阶段（1992—1999）、统筹城乡经济发展与市场经济体制不断完善阶段（2000—2013）、经济发展新常态与全面深化改革阶段（2014 年至今）。

π_{it} 为待估计参数。V_{it} 为第 i 个省份第 t 年的随机误差项，主要包括测量误差以及各种不可控的随机因素，随机误差项服从 $V_{it} \sim N\,(0,\,\sigma_v^2)$。

（2）产出弹性计算　为了进一步评估各因素对玉米生产收益影响的影响程度，应进一步计算各因素的产出弹性。产出弹性是指在其他投入固定不变时，某一投入要素的相对变动所引起的总收益的相对变动。产出弹性由生产函数对该要素求导得出。

因超越对数（Translog）生产函数中涉及玉米生产五大基本要素投入的交互作用项。因此，对于生物化学投入、机械投入、劳动投入、土地投入和其他投入等基本要素投入，应测算各投入要素在几何平均数处的产出弹性，进而评估这些投入要素及其他影响因素的变化对玉米生产收益影响的敏感程度。该产出弹性的含义为：在其他要素一定的情况下，某一基本要素投入的变动所引起的玉米生产平均总收益的变动情况。其计算公式为：

$$\sigma_j = \beta_j + \beta_{jj}\ln X_{ijt} + 1/2 \sum_i \sum_k \beta_{jk}\ln X_{ikt} \qquad (5\text{-}2)$$

自然环境条件、经济发展阶段与区域环境以及制度环境等其他影响因素的产出弹性即为各自的待估参数 ρ_T、γ_{it}、θ_{it}、δ_n、π_{it}。该产出弹性的含义为：在其他要素一定的情况下，某一影响因素的变动所引起的玉米生产总收益的变动情况。

5.1.2　数据来源与数据处理

玉米生产（每亩）现金收益、劳动投入、机械投入、生物化学投入、土地投入、其他投入，均由历年《全国农产品成本收益资料汇编》中相关数据计算得出。其中，劳动投入即为人工成本，包括家庭用工折价与雇工费用；机械投入即为机械作业、排灌、燃料动力费之和；生物化学投入即为种子费、化肥费、农家肥费、农药费、农膜费之和；土地投入即为土地成本，包括自营地折租与流转地租金；其他投入即为畜力费、技术服务费、工具材料费、修理维护费、其他直接费用以及固定资产折旧、税金、保险费、管理费、财务费、销售费等间接费用之和。玉米生产的自然环境条件用农作物受灾比例来替代，即为农作物受灾面积与种植面积之比。其中，农作物受灾面积数据来自历年《中国农村统计年鉴》，农作物种植面积数据来自历年《中国统计年鉴》。

为了剔除价格因素的影响，本研究以 2004 年为基期，使用消费者物价指数对玉米生产的劳动投入、土地投入、补贴收入进行平减，使用农业生产资料综合价格指数对玉米生产的机械投入、生物化学投入和其他投入数据进行平减。消费者物价指数、农业生产资料综合价格指数均来自历年《中国统计年鉴》。

5.2　玉米生产收益变动情况分析

2004—2016 年期间，我国玉米生产的现金收益虽然之前在波动中略有提高，但 2014 年以后也出现了大幅下滑的发展态势。玉米生产的现金收益先是由 2004 年的 36.19 元/亩波动增加到 2010 年的 41.76 元/亩，增加幅度达到了 15.40%，随后出现了整体下滑的发展趋势，下降到 2016 年的 17.63 元/亩，下降幅度达到了 57.80%。我国是世界主要的玉米生产国，而且国内玉米消费需求量较高，使得我国的玉米产量基本保持稳步递增的发展态势，但由于随着近年来国家实施农业供给侧结构性改革、"镰刀弯"地区种植结构调整、扩大粮豆轮作补贴范围，生产者补贴向大豆倾斜，部分玉米地块改种了大豆等其他作物，玉米播种面积逐步调减，自2014年开始我国的玉米产量和销售量均有不同程度的回落，再加上玉米生产现金成本的不断提高，导致玉米生产的现金收益也出现了大幅下滑。三大优势区玉米生产的现金收益也基本呈现出相似的发展态势。相比较而言，北方春玉米区的现金收益相对略高一些，2014年达到了415.03元/亩，但此后却降至2016年的157.76元/亩，降幅达到了66.99%；黄淮海夏玉米区次之，由2014年的412.57元/亩下降到2016年的194.04元/亩，下降幅度达到了52.97%；而西南玉米区的现金收益不仅低于其他两个优势区，更是低于全国平均水平，同样也由2014年的385.51元/亩下降到2016年的297.41元/亩，下降幅度达到了22.85%（图5-1）。

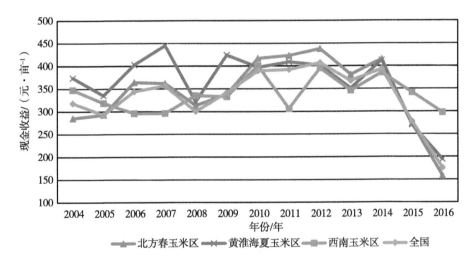

图5-1　2004—2016年全国及各个优势产区玉米生产现金收益变动趋势

　　净利润是反映生产主体盈利能力的另一关键指标，对玉米生产者进行生产决策有重要影响。与现金收益相比，净利润扣除了玉米生产过程中的机会成本，即家庭用工折价与自营地折租。从图5-2中可以看出，2004—2016年，我国玉米生产的净利润呈现出总体下滑的发展态势。玉米生产净利润由 2004 年的 15.34 元/亩下降到 2016 年的-15.48 元/亩，下降幅度达到了 200.93%。从三大玉米优势区的变化情况来看，也基本呈现出逐年下降的发展态势。相比较而言，黄淮海夏玉米区的玉米生产净利润水平会相对略高一些，由 2004 年的 222.28 元/亩下降到 2016 年的-91.68 元/亩，下降幅度到了 141.25%；北方春玉米区次之，由 2004 年的 91.30 元/亩下降到 2016 年的-186.61 元/亩，下降幅度达到了 304.39%；而西南玉米区的净利润不仅低于其他两个优势区，更是低于全国平均水平，同样也由 2004 年的 81.02 元/亩下降到 2016 年的-232.87 元/亩，下降幅度达 387.42%，下降幅度最高（图 5-2）。

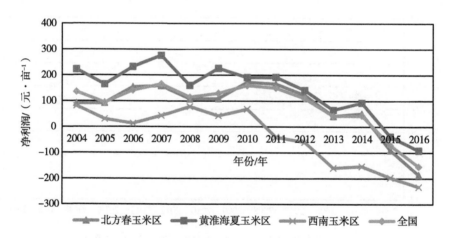

图 5-2　2004—2016 年全国及各个优势产区玉米生产净利润变动趋势

5.3　玉米生产收益影响因素实证分析结果

为了检验基本投入要素、自然环境条件、经济发展阶段与区域环境以及制度环境对玉米生产收益的影响。本研究构建玉米生产收益的超越对数（Translog）随机前沿生产函数并进行实证检验。表5-1即为使用 Frontier4.1 软件估计得到的随机前沿生产函数无效率模型结果。可以看出，模型的变异系数 γ 值趋近于 1.00，且在 1% 显著性水平上通过检验，表明玉米生产者的实际收益与理想收益之间的差距主要来自技术无效率项，因此本模型关于技术无效率项的假设是合理的。

表5-1　玉米超越对数随机前沿生产函数的估计结果

变量	系数	标准差	T值	变量	系数	标准差	T值
CONS	3.99	0.38	10.62	$\ln X_1 * \ln X_2$	0.31	0.78	0.39
$\ln X_1$	0.21	0.13	1.69	$\ln X_1 * \ln X_3$	−0.35	0.68	−0.52
$\ln X_2$	0.07	0.03	2.51	$\ln X_1 * \ln X_4$	−1.32	0.86	−1.54
$\ln X_3$	−0.01	0.04	−0.27	$\ln X_1 * \ln X_5$	0.91	0.97	0.94
$\ln X_4$	0.19	0.11	1.84	$\ln X_2 * \ln X_3$	−0.51	0.55	−0.93
$\ln X_5$	−0.04	0.04	−0.85	$\ln X_2 * \ln X_4$	0.41	0.33	1.21
$(\ln X_1)^2$	0.57	0.83	0.68	$\ln X_2 * \ln X_5$	−0.51	0.52	−0.98
$(\ln X_2)^2$	0.06	0.13	0.45	$\ln X_3 * \ln X_4$	−0.10	0.58	−0.17
$(\ln X_3)^2$	0.69	0.45	1.54	$\ln X_3 * \ln X_5$	−0.48	0.41	−1.17
$(\ln X_4)^2$	0.40	0.36	1.11	$\ln X_4 * \ln X_5$	0.18	0.36	0.51
$(\ln X_5)^2$	−0.17	0.22	−0.75				
W	0.02	0.01	1.67	D_1	−0.61	0.51	−1.18
Z	0.88	0.48	1.82	D_2	0.53	0.57	0.93
Q	0.01	0.01	1.24				
sigma-aquared	0.20	0.10	1.98	gamma	0.97	0.02	63.06

对于含有交互作用项的模型，孤立地看待每个 t 统计量并无意义。使用各基本投入要素的几何平均数重新构建回归模型：

$$\ln Y_{it} = \beta_0^* + \sum_i \beta_j^* \ln X_{ijt} + 1/2 \sum_i \sum_j \beta_{jk}^* \ln X_{ijt} (\ln X_{ikt} - \ln X_{ikt}^*)$$

$$+ \gamma_{it}^* W_{it} + \theta_{it}^* Z_{it} + \sum_n \delta_{it}^* D_n + \pi_{it}^* Q_{it} + V_{it} \quad (5-3)$$

其中，$\ln X_{i\,kt}^{*}$即为$\ln X_{ikt}$的几何平均数，β_j^*、β_{jk}^*、γ_{it}^*、θ_{it}^*、δ_n^*、π_{it}^*为新的待估参数。对上述方程进行估计，结果显示，生物化学投入、劳动投入、土地投入等投入要素均在 5% 的显著性水平下的玉米生产收益的变动产生显著影响。

除此之外，根据表 5-1 的估计结果，还可得出以下结论：

第一，我国 2004—2016 年的经济政策环境变迁被划分为统筹城乡经济发展与市场经济体制不断完善阶段（2000—2013 年）与经济发展新常态与全面深化改革阶段（2014—2016 年），由于其对玉米生产收益的影响显著，说明经济发展新常态与全面深化改革阶段（2014—2016 年）玉米生产者的现金收益低于统筹城乡经济发展与市场经济体制不断完善阶段（2000—2013 年）。

第二，从空间维度来看，基于区域环境因素，在其他因素一定的条件下，相较于东黄淮海夏玉米优势区，东北春玉米优势区玉米生产的现金收益会更高一些。东北春玉米优势区种植生产条件优越，地势平坦适合大规模机械化耕种，农业生产效率更高一些，加之东北玉米特殊的品种品质，广泛适合用于酒精、淀粉、氨基酸、饲料等精深加工，因此其玉米生产现金收益相对较高。

5.4 玉米生产收益影响因素的产出弹性计算

产出弹性是指在其他投入固定不变时，某一投入的相对变动所引起的总收益的相对变动。本研究首先对玉米生产收益各投入要素在几何平均数处的产出弹性进行测算，进而估计这些投入要素及其他影响因素的变化对玉米生产收益影响的敏感程度。基于玉米的超越对数随机前沿生产函数，玉米生产第 j 中基本投入要素的产出弹性为：

$$\sigma_j = \beta_j + \beta_{jj}\ln X_{ijt} + 1/2 \sum_i \sum_k \beta_{jk}\ln X_{ikt} \qquad (5-4)$$

则生物化学投入、机械投入、劳动投入、土地投入和其他投入在几何平均数处的产出弹性分别为0.12、0.81、-0.17、-0.24、-0.67。即在其他因素一定的情况下，生物化学投入、机械投入每提高1%，玉米生产者的平均现金收益将分别增加0.12%、0.81%。劳动投入、土地投入和其他投入每提高1%，玉米生产者的平均现金收益将分别减少0.17%、0.24%和0.67%。表5-2列出了各基本投入要素投入对玉米生产收益的产出弹性。

表5-2　各基本投入要素对玉米生产收益的产出弹性

基本投入要素	产出弹性	基本投入要素	产出弹性
生物化学投入	0.12	土地投入	-0.24
机械投入	0.81	其他投入	-0.67
劳动投入	-0.17		

玉米生产的基本投入要素从产量和成本两个方面影响生产者的现金收益。一方面，投入的增加带来产量的提高，在价格一定的情况下，会使玉米生产的总产值有所增加，进而提高生产者的现金收益。另一方面，增加投入将推动玉米生产成本的增加，进而导致生产者的现金收益的减少。

从表5-2中可以看出，玉米生产的现金收益与生物化学投入之间存在显著的正相关关系。生物化学投入包含种子、化肥、农家肥、农药、农膜等投入，良种可以提高玉米产量，改进玉米品质，提高玉米市场销售价格；化肥、农家肥可以提高土地肥力；农药可以避免玉米受到病虫害的侵袭。生物化学投入有效保障促进了玉米的生产，对提高玉米产量和产值有着十分重要的作用。同时，生物化学投入所带来的玉米产值的增加远大于成本的增加，从而使得玉米生产者的现金收益有所提高。

机械投入对玉米生产现金收益的增加也具有显著的正向促进作用。由于劳动力的流失与从事农业生产的机会成本增加，玉米生产中劳动力短缺问题日益加剧，对机械作用的需求快速膨胀，加之农机具补贴政策的实行，促使我国玉米生产的机械化水平不断提高，进而提高了玉米的产量，最终提高了玉米生产的现金收益。

劳动投入和土地投入的增加将导致玉米生产现金收益的减少。我国的玉米生产仍然具有比较浓重的劳动密集型的经济学特征，然而随着我国工业化、城镇化进程的快速推进，以及农业比较优势的丧失，大量农村劳动力逐步向二三产业转移，导致农业劳动力价格的提高，从而推动玉米生产成本的大幅上涨，严重影响了玉米生产者现金收益的增加。而土地成本的大幅攀升又会直接推动玉米生产成本的不断上升，从而导致降低了玉米生产者的现金收益。

由于生物化学投入、机械投入的提高可以促进玉米生产者现金收益的增加，而劳动投入、土地投入的提高能够导致玉米生产现金收益的减少。因此，在一定程度上，使用生物化学投入代替土地投入，使用农业机械投入代替劳动投入，更有利于玉米生产者现金收益的提高。

5.5　本章小结

本章节基于玉米生产超越对数（Translog）随机前沿生产函数，分析影响玉米生产收益的主要因素，并测算各投入要素的产出弹性，进而评估这些投入要素的变化对玉米生产收益影响的敏感程度。主要研究结论如下。

生物化学投入、机械投入的提高对玉米生产现金收益的增加具有显著的正向促进作用。在其他因素一定的情况下，生物化学投入、机械投入每提高1%，玉米生产者的平均现金收益将分别增加0.12%、0.81%。与此同时，劳动投入、土地投入和其他投入的增加将导致玉米生产现金收益的减少。在其他因素一定的情况下，劳动投入、土地投入和其他投入每提高1%，玉米生产者的平均现金收益将分别减少0.17%、0.24%和0.67%。因此，在一定程度上，使用生物化学投入代替土地投入，使用农业机械投入代替劳动投入，更有利于玉米生产者现金收益的提高。

自然环境、制度环境对玉米生产收益的变动影响不显著。经济发展阶段对玉米生产收益的影响显著，说明经济发展新常态与全面深化改革阶段（2014—2015年）玉米生产者的现金收益低于统筹城乡经济发展与市场经济体制不断完善阶段（2000—2013年）。区域环境因素方面，在其他因素一定的条件下，相较于黄淮海夏玉米优势区，北方春玉米优势区玉米生产的现金收益会更高一些。北方春玉米优势区种植生产条件优越，地势平坦适合大规模机械化耕种，农业生产效率更高一些，加之东北玉米特殊的品种品质，广泛适合用于酒精、淀粉、氨基酸、饲料等精深加工，因此其玉米生产现金收益相对较高。

6 玉米成本投入要素的诱导效应及增长机制分析

根据速水—拉坦的农业诱致性技术变迁理论,农业生产要素相对价格的变化会诱致技术进步的路径方向及要素之间的相互替代;粮食生产者主要根据产品市场和生产要素市场的相对价格信号做出生产经营决策。本章将对基于技术进步路径模式维度的玉米成本进行分析,通过研究玉米成本投入要素变化对要素投入结构变化的诱导效应以及玉米单要素生产率的增长机制,为优化玉米生产的成本投入结构、降低成本提供决策支持。

6.1 研究方法

农业生产率的提高是现代农业增长的主要特征,而农业生产率可分为全要素生产率和单要素生产率两类。全要素生产率主要是衡量产出增长中除劳动和资金以外的其他要素带来的产出增长率;单要素生产率是指经济主体的产出水平与投入要素中某一特定要素的比例,衡量的是该要素的单位产出能力,有助于评价要素的使用效率及其动态变化;单要素生产率是全要素生产率的基础与补充。本章节使用基于单要素生产率指标的二位相图增长分析方法，分析我国玉米的生产要素禀赋与其增长机制及增长路径选择之间的关系。

农业生产要素投入结构的变化是反映农业技术变化和发展方向的一个关键性指标，土地和劳动是农业生产的最基本投入要素。根据二位相图增长分析方法，若用 Y 表示农业产出，用 A、L 分别表示土地投入与劳动投入，则 Y/A、Y/L、A/L、L/A 分别表示土地生产率、劳动生产率、地劳比率和土地的劳动集约率，四者之间存在下列恒等关系（速水佑次郎等，2003；Douglas 等，2014）：

$$\frac{Y}{L} = \frac{A}{L} \cdot \frac{Y}{A}, \frac{Y}{A} = \frac{Y}{L} \cdot \frac{L}{A} \qquad (6-1)$$

式（6-1）中各变量之间的关系可通过二维坐标图直观的表示出来。其中，正坐标轴系的横轴为劳动生产率增长率，纵轴为土地生产率增长率；倒坐标系的横轴为单位产出所占用的劳动力增长率，纵轴为单位产出所占用的土地增长率；45°线为单位土地–劳动增长率比率线。在坐标轴中将考察期内的土地生产率与劳动生产率描绘出来，则连接线的斜率代表不同的农业增长路径。每条连接线的斜率可表示为：

$$K = \frac{(Y/A)_2 / (Y/A)_1 - 1}{(Y/L)_2 / (Y/L)_1 - 1} \qquad (6-2)$$

从图 6-1 中可以看出，农业增长路径大体可分为 3 类：①土地生产率导向路径，即路径①与①*，此时斜率 $K>1$，主要依靠节约土地的生物化学技术（如化肥、种子、农药、农膜等）来实现农业增长；②劳动生产率导向路径，即路径②与②*，此时斜率 $K<1$，主要依靠节约劳动的机械技术来实现农业增长；③中性技术导向路径，即路径③与③*，此时斜率 $K=1$，同时依靠生物化学技术与机械技术来实现农业增长。

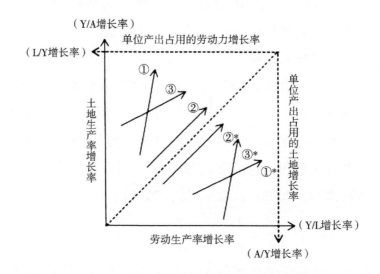

图6-1　农业增长路径示意图

　　下文首先分析玉米成本投入要素价格变化对要素投入结构变化的诱导效应，其次使用二位相图增长分析方法探究玉米单要素生产率的增长机制，为优化玉米生产的成本投入结构、提出降低其成本路径提供决策支持。

6.2　玉米成本投入要素价格变化对要素投入结构变化的诱导效应分析

　　生产要素禀赋的相对稀缺程度及其供给弹性的不同，在要素市场上表现为这些要素相对价格的差异。经济理论表明，生产要素相对价格的变化会引起生产要素投入结构的变化，这是农业生产过程中诱致性技术变迁的最直观表现。纵观发达市场经济体的农业发展进程，节约劳动的主要因素一直是发展机械化，节约土地的主要因素一直是生物化学技术创新。相应地，在农业生产中，通常存在两类技术——"劳动节约型"的机械技术和"土地节约型"的生物化学技术，前者用来促进动力和机械投入对劳动的替代，后者用来促进化学肥料等工业品投入对土地的替代（速水佑次郎，拉坦，2014）。那么，在劳动力价格与土地价格快速上涨的背景下，"劳动节约型"的机械技术和"土地节约型"的生物化学技术是否会成为生产者技术选择及要素投入结构调整的方向呢？

6.2.1　人工成本价格对要素投入结构变化的诱导效应分析

人工成本是玉米生产过程中直接使用的劳动力成本，可分为家庭用工折价与雇工费用两部分，人工成本价格即为劳动日工价与雇工工价。劳动日工价是指每个劳动力从事一个标准劳动日（8小时）的农业生产劳动的理论报酬，用于核算家庭劳动用工的机会成本。雇工工价是指平均每个雇工劳动一个标准劳动日所得到的全部报酬。为了剔除物价因素影响，本研究以2004年为基期，使用消费者物价指数对劳动日工价与雇工工价进行折算。

2004—2016年，我国玉米生产的劳动日工价与雇工工价均大幅上涨，其中，劳动日工价由2004年的13.70元/亩上涨至2016年的59.12元/亩，上涨幅度达到了331.53%；雇工工价由2004年的20.43元/亩上涨至2016年的72.54元/亩，上涨幅度达到了255.07%。由于随着我国工业化、城镇化的快速发展以及农业比较优势的丧失，大量农村劳动力向二三产业转移，农业劳动力供不应求，加之从事农业生产的机会成本较高，导致玉米生产的劳动日工价与雇工工价上涨迅速（图6-2）。

一直以来，我国玉米生产以自给自足、精耕细作的传统小农经营为主，表现出劳动密集型的经济学特征，过密化、内卷化问题严重。近年来，随着劳动力价格的飙升，劳动密集型的传统小农经营模式面临着严峻挑战。而机械技术是典型的"劳动节约型"技术。根据速水—拉坦的农业诱致性技术变迁理论，农业生产要素相对价格的变化会诱致技术进步的路径方向以及要素之间的相互替代。那么劳动力价格的上升是否会诱致出"劳动节约型"的机械技术呢？

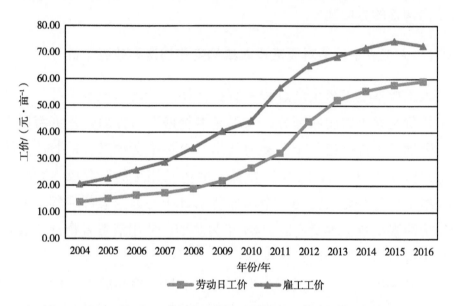

图 6-2　2004—2016 年我国玉米生产每亩劳动日工价与雇工工价变动趋势

　　图 6-3 为 2004—2016 年我国玉米生产的每亩劳动用工投入与机械投入情况。随着劳动力价格的不断飙升，2004—2016 年，我国玉米生产的亩均劳动用工投入逐年降低，由 2004 年的 9.97 日/亩减少至 5.57 日/亩，减少幅度达到 44.13%。其中，家庭用工天数在劳动用工投入中占据主导地位，13 年间大幅减少，由 2004 年的 9.39 日/亩减少到 2016 年的 5.32 日/亩，减少幅度达到 43.34%；雇工天数虽然不断波

动，但始终维持在较低水平。与此同时，随着劳动用工成本—机械价格比率的不断上升，2004—2016 年我国玉米生产的机械投入大幅增加，由 2004 年的 28.95 元/亩上升到 2016 年的 132.48 元/亩，上涨幅度达到 357.62%。

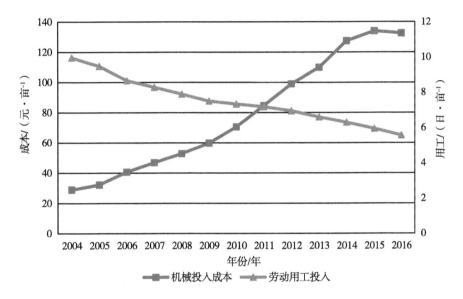

图 6-3 2004—2016 年我国玉米生产每亩劳动用工投入与机械投入

由此可以看出，随着劳动日工价与雇工工价的大幅上涨，与农用机械相比，玉米生产的劳动力相对价格越来越高。随着劳动用工成本—机械价格比率的不断上升，生产者将会减少对劳动的投入，而更倾向于使用"劳动节约型"的机械技术进行玉米生产，即劳动力价格的上升会诱致出"劳动节约型"的机械技术。

6.2.2 土地成本价格对要素投入结构变化的诱导效应分析

土地成本是指土地作为一种生产要素投入到生产中的成本，土地成本价格即为流转地租金和自营地折租。流转地租金是指生产者转包他人拥有经营权的耕地或承包集体经济组织的机动地（包括沟渠、机井等土地附着物）的使用权而实际支付的转包费、承包费等土地租赁费用。自营地折租是指生产者自己拥有经营权的土地投入生产后所耗费的土地资源按一定方法和标准折算的成本，反映了自营地投入生产时的机会成本。为了剔除物价因素影响，本文以2004年为基期，使用消费者物价指数对流转地租金和自营地折租进行折算。

2004—2016年，我国玉米的流转地租金和自营地折租均有不同程度的上涨。其中，流转地租金由2004年的6.77元/亩增加到2016年的21.90元/亩，上涨幅度达到了223.56%；自营地折租也由2004年的54.67元/亩增加到2016年的150.91元/亩，上涨幅度达到176.03%。工业化、城镇化的快速推进导致的农用耕地减少，加之减免农业税、发放农业补贴等激励政策引致的耕地需求增加，是导致流转地租金和自营地折租上涨的重要原因（图6-4）。

作为一个拥有13亿人口的大国，有限的农用耕地一直是制约我国农业发展的瓶颈因素。而生物化学技术是典型的"土地节约型"技术。土地价格的上升是否会诱致出"土地节约型"的生物化学技术呢？

伴随着土地投入的减少，我国玉米生产的生物化学投入成本在波动中有所上升，由2004年的113.47元/亩增加到2016年的215.63元/亩，上涨幅度达到90.03%。其中，种子费、化肥费均有不同程度的增加，化肥费由2004年的74.61元/亩增加到2016年的126.05元/亩，上涨幅度达到68.95%；种子费由2004年的20.81元/亩增加到2016年的56.56元/亩，上涨幅度达到171.79%。每亩化肥用量也有所增加，化肥用量由2004年的18.81千克/亩增加到2016年的24.82千克/亩，增加幅度达到 31.95%（图 6-5）。

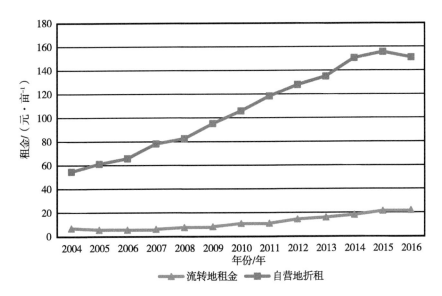

图 6-4 2004—2016 年我国玉米生产每亩流转地租金与自营地折租变动趋势

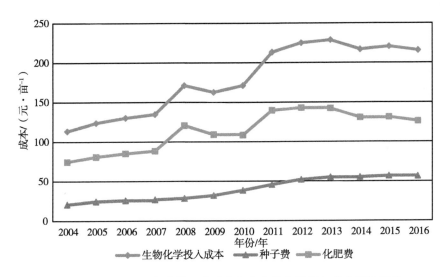

图 6-5 2004—2016 年我国玉米生产每亩生物化学投入成本变动趋势

由此可以看出，随着流转地租金与自营地折租的大幅上涨，与生物化学技术投入相比，玉米生产的土地相对价格越来越高。随着土地成本-生物化学技术投入价格比率的不断上升，生产者将会减少对土地的投入，而更倾向于使用"土地节约型"的生物化学技术进行玉米生产，即土地成本的上升会诱致出"土地节约型"的生物化学型技术进步。

为了进一步分析要素禀赋变化对我国玉米增长路径选择的影响，下文将使用基于单要素生产率指标的二位相图谱增长分析方法，探讨我国及各优势产区玉米生产的在增长路径、技术进步偏向及其变化。

6.3 玉米单要素生产率的增长机制分析

首先，重点分析玉米的关键单要素生产率（劳动生产率、土地生产率、地劳比率、土地的劳动集约率），在此基础上探究玉米单要素生产率的增长机制。其次，考察玉米生中关键单要素生产率的区域差异，揭示不同区域玉米生产中投入要素的效率优势，进而判断在市场经济条件下玉米生产增长的动力因素。

6.3.1 玉米单要素生产率增长机制与增长路径分析

土地和劳动是玉米生产中最具约束性的投入要素。由于下文进行不同区域分析时，各个区域之间玉米品种存在一定的差异，为了便于各个区域间的比较，本研究将选用主产品产值来测度我国玉米生产的土地生产率与劳动生产率，于是土地生产率即为亩均主产品产值，劳动生产率即为亩均主产品产值与亩均用工数量的比值。

表 6-1　2004—2016 年我国玉米单要素生产率及其增长率（以 2004 年为基期）

年份	土地生产率（Y/A）		劳动生产率（Y/L）		地劳比率（A/L）	
	绝对量（元/亩）	增长率（%）	绝对量（元/日）	增长率（%）	绝对量（亩/日）	增长率（%）
2004	491.90	-	49.34	-	0.10	-
2005	469.35	-4.58	49.46	0.24	0.11	5.37
2006	536.88	9.14	61.92	25.51	0.12	15.34
2007	631.55	28.39	76.18	54.41	0.12	20.63
2008	662.75	34.73	83.89	70.04	0.13	26.58
2009	705.17	43.36	94.02	90.57	0.13	33.33
2010	847.75	72.34	115.65	134.41	0.14	36.43
2011	1 001.85	103.67	139.53	182.81	0.14	39.28
2012	1 094.76	122.56	157.52	219.27	0.14	43.88
2013	1 062.04	115.91	160.92	226.15	0.15	51.52
2014	1 118.01	127.28	177.46	259.69	0.16	58.73
2015	924.25	87.89	155.34	214.84	0.17	68.07
2016	739.53	50.34	132.77	169.10	0.18	79.53

数据来源：根据历年《全国农产品成本收益资料汇编》整理计算得出。

　　表 6-1 显示了 2004—2016 年我国玉米单要素生产率以及以 2004年为基期的增长率的变动趋势。土地生产率是反映土地生产能力的一项指标，2004—2016 年我国玉米的土地生产率总体呈现出先增后减的发展态势，先是由 2004 年的 491.90 元/亩逐步增加到 2014 年的1 118.01 元/亩，随后又逐步缩减到 2016 年的 739.53 元/亩。劳动生产率是衡量玉米劳动者从事玉米生产劳动能力的指标，2004—2016 年我国玉米的劳动生产率同样总体呈现出先增后减的发展态势，先是由2004 年的 49.34 元/亩逐步增加到 2014 年的 177.46 元/亩，随后又逐步缩减到 2016 年的 132.77 元/亩。与此同时，玉米生产的地劳比率不

断上升，由 2004 年的 0.10 亩/日增加到 2016 年的 0.18 亩/日，涨幅达到 80%。

由此可以看出，2004—2016 年我国玉米的土地生产率与劳动生产率均有所增长，但劳动生产率的增长速度远远快于土地生产率的增长速度，地劳比率不断提高，意味着这一时期主导我国玉米增长的技术是机械技术，而非生物化学投入，中国玉米生产逐渐由过度依靠工人投入的传统小农经营模式向提高劳动生产率的现代农业发展方式转变。

使用基于单要素生产率指标的二位相图谱增长分析方法，可以进一步分析我国玉米的增长机制与增长路径选择。根据 2004—2016 年玉米土地生产率与劳动生产率的增长率，可以求出增长路径的斜率 K = 0.30，表明随着农业劳动力的流失以及劳动力机会成本的上涨，我国玉米生产选择了劳动生产率导向路径，主要依靠"劳动节约型"的机械技术促进玉米增长（图 6-6）。

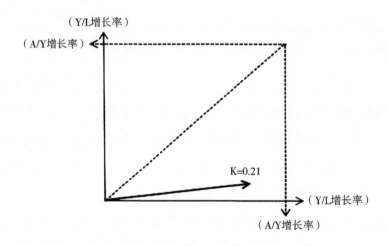

图 6-6　我国玉米增长路径选择示意

6.3.2　不同区域玉米单要素生产率增长机制与增长路径比较分析

三大优势区玉米单要素生产率增长机制与增长路径是否存在差异，是本章节研究的另一重要问题。

图 6-7 显示了三大优势区玉米土地生产率即亩均玉米主产品产值的变动态势。2004—2016 年，我国三大优势区域的玉米土地生产率总体上呈现出先升后降的发展态势，而且北方春玉米区的玉米土地生产率总体要明显高于黄淮海夏玉米区和西南玉米区。北方春玉米区的玉米土地生产率先是由 2004 年的 489.89 元/亩增加到 2014 年的 1 221.53 元/亩，随后又下降到 2016 年的 779.58 元/亩，总体增加幅度达到了59.13%。黄淮海夏玉米区的玉米土地生产率先是由 2004 年的 507.99 元/亩增加到 2014 年的 1 142.88 元/亩，随后又下降到 2016 年的 755.37 元/亩，总体增加幅度达到了 48.70%。西南玉米区的玉米土地生产率先是由 2004 年的 532.30 元/亩增加到 2014 年的 1 009.94 元/亩，随后又下降到 2016 年的 875.02 元/亩，总体增加幅度达到了 64.39%。

图 6-8 显示了三大优势区玉米劳动生产率的变动态势。2004—2016 年，我国三大优势区玉米劳动生产率总体呈现出先升后降的发展态势，而且总体而言黄淮海夏玉米区的玉米劳动生产率要明显高于北方春玉米区和西南玉米区。黄淮海夏玉米区的玉米劳动生产率先是由2004 年的 59.55 元/日上升至 2014 年的 207.80 元/日，随后又下降到2016 年的 168.23 元/日，总体增加幅度达到了 182.49%。北方春玉米区的玉米劳动生产率先是由 2004 年的 50.30 元/日上升至 2014 年的194.45 元/日，随后又下降到 2016 年的 139.96 元/日，总体增加幅度达到了 178.27%。西南玉米区的玉米劳动生产率先是由 2004 年的

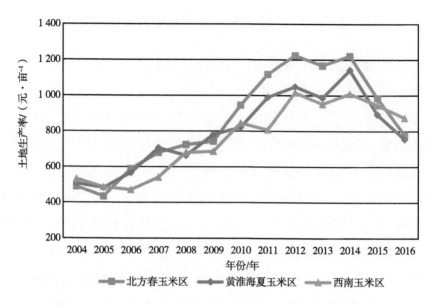

图 6-7　2004—2016 年我国三大优势区玉米土地生产率变动态势

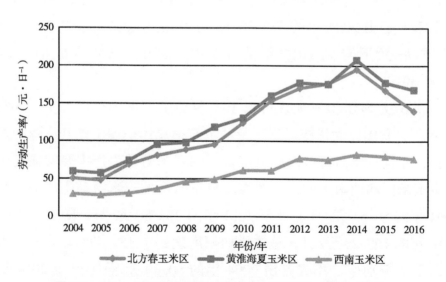

图 6-8　2004—2016 年我国三大优势区玉米劳动生产率变动态势

29.72 元/日上升到 2014 年的 82.73 元/日，随后又下降到 2014 年的
76.76 元/日，总体增加幅度达到了 158.22%。

表 6-2　2004—2016 年我国三大优势区玉米单要素生产率变动情况

年份	北方春玉米区			黄淮海夏玉米区			西南玉米区		
	土地生产率（元/亩）	劳动生产率（元/日）	地劳比率（亩/日）	土地生产率（元/亩）	劳动生产率（元/日）	地劳比率（亩/日）	土地生产率（元/亩）	劳动生产率（元/日）	地劳比率（亩/日）
2004	489.89	50.30	0.10	507.99	59.55	0.12	532.30	29.72	0.06
2005	432.89	47.88	0.11	482.08	57.36	0.12	485.96	28.28	0.06
2006	588.41	69.09	0.12	566.33	74.27	0.13	470.60	30.75	0.07
2007	679.34	80.97	0.12	706.03	95.54	0.14	541.47	36.72	0.07
2008	723.48	88.65	0.12	663.52	97.94	0.15	679.93	46.21	0.07
2009	743.02	95.47	0.13	780.96	118.42	0.15	686.29	49.20	0.07
2010	945.21	124.09	0.13	820.19	130.60	0.16	844.70	61.12	0.07
2011	1 118.58	153.35	0.14	989.70	160.14	0.16	807.12	60.85	0.08
2012	1 223.36	170.21	0.14	1 049.06	177.51	0.17	1 015.85	77.31	0.08
2013	1 167.76	176.44	0.15	986.96	175.77	0.18	951.42	75.27	0.08
2014	1 221.53	195.45	0.16	1 142.88	207.80	0.18	1 009.94	82.73	0.08
2015	985.13	167.38	0.17	893.65	177.84	0.20	945.22	80.27	0.08
2016	779.58	139.96	0.18	755.37	168.23	0.22	875.02	76.76	0.09

从表 6-2 中可以看出，2004—2016 年我国北方春玉米区、黄淮海
夏玉米区、西南玉米区三大优势区玉米劳动生产率的增长速度要远快
于土地生产率的增长速度，而且地劳比率也不断提高，意味着这一期
间各个优势产区的玉米增长均是由机械技术主导的。

使用二位相图增长分析法进一步分析各个优势产区的玉米增长机
制。基于土地生产率和劳动生产率，可以求出各个优势产区玉米增长
路径的斜率 K 值（表 6-3）。2004—2016 年，我国三大优势区玉米增

长路径的斜率 K 值均小于 1，表明各个优势产区在玉米生产过程中均选择了劳动生产率导向路径，大力发展"劳动节约型"的机械技术促进玉米增长。而 K 值越小，则表明该区域对机械技术的依赖度越高。因此，在三大优势产区中，黄淮海夏玉米区更偏向于选择劳动生产率导向路径，这一现象与黄淮海地区经济发展水平和农业生产机会成本较高密切相关。

表 6-3　2004—2016 年我国三大优势产区玉米增长路径 K 值

区域	K 值
北方春玉米区	0.33
黄淮海夏玉米区	0.27
西南玉米区	0.41

6.3.3　小结

本研究使用基于单要素生产率指标得二位相图增长分析法分析我国三大优势区玉米的增长机制与增长路径。2004—2016 年我国玉米的土地生产率与劳动生产率均有所增长，但劳动生产率的增长速度远快于土地生产率的增长速度，而玉米增长路径的斜率 K = 0.30，因此，我国玉米生产为劳动生产率导向路径，主要依靠"劳动节约型"的机械技术促进玉米增长。与此同时，我国三大优势区的玉米劳动生产率的增长速度也远快于土地生产的增长速度，而且各个地区玉米增长路径的斜率 K 值均小于 1，因此三大优势产区的玉米生产均是由"劳动节约型"的机械技术主导的。其中，黄淮海夏玉米区对劳动生产率导向路径的依赖程度最高。

6.4 本章小结

基于技术进步路径模式维度，可以将玉米成本分为生物化学投入成本、机械投入成本、土地成本、人工成本与其他成本。本章节主要研究玉米成本投入要素价格变化对要素投入结构变化的诱导效应以及玉米单要素生产率的增长机制。主要研究结论如下：

2004—2016 年，我国玉米生产的劳动力价格（即劳动日工价与雇工工价）大幅上涨，导致劳动用工数量的减少与机械投入成本的提高，劳动力价格的上升诱致出了"劳动节约型"的机械技术。与此同时，我国玉米的土地价格（即流转地租金与自营地折租）也不断提高，生物化学投入成本在波动中有所上升，土地价格的攀升诱致出了"土地节约型"的生物化学技术。

通过基于单要素生产率指标的二位相图增长分析方法得出，我国及三大玉米优势区玉米增长路径的斜率 K 值均小于 1，意味着我国及三大玉米优势产区均选择了劳动生产率导向路径，主要依靠"劳动节约型"的机械技术促进玉米增长，而黄淮海夏玉米区对劳动生产率导向路径的依赖程度最高。

7 玉米生产中化肥投入水平的经济学评价

随着工业化、城镇化进行的不断加快，土地要素稀缺程度不断提高，"节约土地型"的生物化学技术能够促进化肥等工业品投入对土地的替代。化肥投入等能源价格挂钩型成本是推动粮食生产成本上升的首要因素。过量的化肥投入不仅推高了玉米生产的成本，而且给生态环境带来了沉重的压力，粮食生产中化肥的大量施用引起的农业面源污染，正成为中国水环境污染的重要来源。2017 年"中央一号文件"中明确提出"深入推进化肥农药零增长行动，促进农业节本增效"。

为了更为准确地把握玉米生产中化肥的投入水平，本章节基于经济学的角度，构建生产函数模型，定量评价化肥的投入强度，为"减肥减药"，降低玉米的生产成本提供数据支持和决策支撑。

7.1 研究方法与数据处理

7.1.1 研究方法

根据相关经济理论与西奥多·舒尔茨的"理性小农"假定，经济学视角下的玉米生产最优化肥投入量应为玉米生产者实现利润最大化时的化肥投入量。此时，玉米生产化肥投入的边际产值必然等于化肥的市场价格，即：

$$P_f = VMP_f = P_y \times MP_f \qquad (7\text{-}1)$$

其中，P_f 为化肥的市场价格，以玉米生产每亩化肥金额与每亩化肥折纯用量的比值来计算；VMP_f 为化肥的边际产值，可以进一步分解为玉米的市场价格 P_y 与化肥投入的边际产出 MP_f 的乘积。当（7-1）式成立时，表明玉米生产在经济学意义上实现了化肥的最优投入，不存在过量施用现象。本章节将按照以下步骤来验证（7-1）式是否成立：

首先，构建生产函数，测算玉米生产化肥投入的产出弹性。本章节基于化肥、劳动力及其他生产投入等三大传统要素投入，构建 C-D 生产函数，其具体函数形式如下：

$$Y = \alpha F^{\beta_1} L^{\beta_2} O^{\beta_3} \qquad (7\text{-}2)$$

两边取对数，并考虑技术变化因素加入时间趋势，函数形式变为：

$$\ln Y = \ln\alpha + \beta_1 \ln F + \beta_2 \ln L + \beta_3 \ln O + \beta_4 T + \varepsilon \qquad (7\text{-}3)$$

其中，Y 为玉米产出，以每亩主产品产量表示；F 为化肥投入，以每亩玉米生产化肥折纯用量表示；L 为劳动力投入，以每亩玉米生产用工天数表示；O 为其他生产投入，即除化肥费与农家肥非外的其他物质与服务费用，包括种子费、农药费、农膜费、租赁作业费、燃料动力费、技术服务费、工具材料费、修理维护费、其他等直接费用及各类间接费用；T 表示时间趋势，用来衡量技术变化。β_1、β_2、β_3、β_4 为待估参数，其中 β_1 即为化肥投入的产出弹性。

其次，计算玉米生产化肥投入的边际产值 VMP_f：

$$VMP_f = P_y \times MP_f = P_y \times \frac{\beta_1 \times Y}{F} \qquad (7-4)$$

再次，判断玉米生产化肥投入边际产值与化肥市场价格的比值 VMP_f/P_f 是否为 1。若 $VMP_f/P_f = 1$，则实现了化肥的最优投入；若 VMP_f/P_f 小于 1，则玉米生产过程中存在化肥过量施用现象。

最后，计算玉米生产的最优化肥投入量 F^* 与过量施用强度 FEI：

$$F^* = \frac{\beta_1 \times Y}{P_f / P_y} \qquad (7-5)$$

$$FEI = \frac{F - F^*}{F^*} \times 100\% \qquad (7-6)$$

7.1.2 数据来源与处理

在对玉米生产中的化肥投入水平进行经济学评价时，化肥市场价格由每亩化肥金额与每亩化肥折纯用量的比值替代，玉米市场价格由每 50 千克主产品平均出售价格除以 50 后计算得出。玉米生产每亩化肥折纯用量、用工天数及其他物质与服务费用、化肥金额、每 50 千克主产品平均出售价格均来自历年《全国农产品成本收益资料汇编》。

为了剔除价格因素的影响，本研究以 2004 年为基期，使用农业生产资料综合价格指数对其他物质与服务费用进行平减，使用玉米生产价格指数对玉米市场价格进行平减，使用化肥价格指数对化肥市场价格进行平减。农业生产资料综合价格指数、玉米生产价格指数、化肥价格指数均来自历年《中国统计年鉴》。

7.2 玉米生产化肥使用情况分析

图 7-1 显示了 2004—2016 年我国及各个玉米优势产区玉米生产化

肥折纯用量的变动趋势。2004—2016 年，我国玉米生产化肥折纯用量总体呈增加的趋势。由 2004 年的 18.81 千克/亩增加至 2016 年的 24.82 千克/亩，总体涨幅达到 31.95%。从三大优势产区玉米生产的化肥折纯用量变化情况来看，均有不同程度的增加。黄淮海夏玉米区的玉米生产化肥折纯用量由 2004 年的 16.99 千克/亩增加至 2016 年的 24.39 千克/亩，涨幅达到 43.56%；北方春玉米区的玉米生产化肥折纯用量由 2004 年的 20.33 千克/亩增加至 2016 年的 28.45 千克/亩，涨幅达到 39.95%；西南玉米区的玉米生产化肥折纯用量先是由 2005 年的 20.24 千克/亩增加至 2016 年的 22.35 千克/亩，涨幅达到 10.44%。从三大优势产区玉米生产的化肥折纯用量情况来看，总体而言北方春玉米区最高，黄淮海夏玉米区次之，而西南玉米区最少。

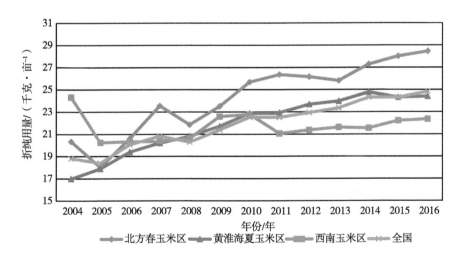

图 7-1 2004—2016 年全国及各优势产区玉米生产每亩化肥折纯用量变动趋势

随着化肥使用量的增加，我国玉米生产的化肥成本投入亦大幅增加（图 7-2）。2004—2016 年，我国玉米生产的化肥成本投入总体呈

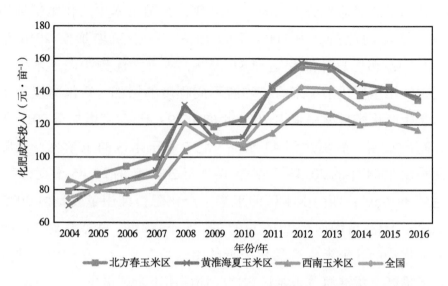

图7-2 2004—2016年全国及各优势产区玉米生产每亩化肥成本投入变动趋势

增加的趋势，但在 2012 年达到最高峰值以后略微有所回落。先由 2004 年的 74.61 元/亩增加到 2012 年的 142.79 元/亩，随后回落至 2016 年的 126.05 元/亩，总体涨幅达到 68.95%。从三大优势产区玉米生产的化肥成本投入变化情况来看，均呈现出先增后减的发展态势。北方春玉米区玉米生产的化肥成本投入先是由 2004 年的 79.16 元/亩增加至 2012 年的 155.14 元/亩，随后又回落到 2016 年的 134.78 元/亩，总体涨幅达到 70.26%；黄淮海夏玉米区玉米生产的化肥成本投入先是由 2004 年的 70.35 元/亩增加至 2012 年的 157.67 元/亩，随后又回落到 2016 年的 136.70 元/亩，总体涨幅达到 94.32%；西南玉米区玉米生产的化肥成本投入先是由 2004 年的 86.25 元/亩增加至 2012 年的 129.52 元/亩，随后又回落到 2016 年的 116.69 元/亩，总体涨幅达到 35.29%。从三大优势产区玉米生产的化肥成本投入情况来看，总体而言黄淮海夏玉米区最高，北方春玉米区次之，而西南玉米区最少。

　　化肥价格也是决定玉米生者化肥投入的重要因素。图 7-3 显示了 2014—2016 年我国及各优势产区玉米生产化肥价格的变动趋势。由于近年来能源、原材料等价格因素的上涨助推了化肥生产成本的提高，加之化肥需求量的增加，导致 2004—2016 年我国玉米生产化肥价格在波动中有所提高。由 2004 年的 3.97 元/千克上涨至 2016 年的 5.08 元/千克，增长 1.11 元/千克，涨幅达到了 28.04%。在三大优势产区中，西南玉米区的化肥价格上涨幅度最高，由 2004 年的 3.52 元/千克增加到 2016 年的 5.28 元/千克，涨幅达到 49.90%。北方春玉米区和黄淮海夏玉米区的化肥价格也呈现出不同程度的增加，分别由 2004 年的 4.01 元/千克和 4.12 元/千克增加到 2016 年的 4.76 元/千克和 5.64 元/千克，涨幅分别达到了 18.85% 和 37.03%。

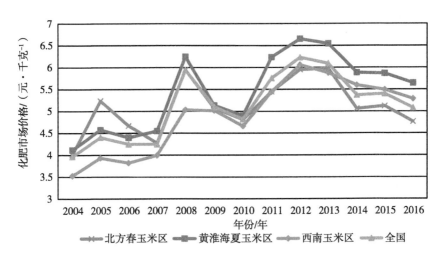

图 7-3　2004—2016 年全国及各优势产区玉米生产化肥价格变动趋势

7.3 玉米生产化肥投入的产出弹性测算与过量施用判别

近年来，随着我国化肥施用量不断增加，在提高玉米产量的同时，也推动了玉米生产者生产成本的上涨，并带来了一系列的资源环境问题。而基于经济学视角，我国玉米生产的化肥投入是否过量，则需进行进一步探讨。

首先，构建 C-D 生产函数，估计玉米生产化肥投入水平的产出弹性。基于 2004—2016 年 13 个省份玉米生产的面板数据，具体的函数形式设置为：

$$\ln Y_{it} = \ln\alpha + \beta_1 \ln F_{it} + \beta_2 \ln L_{it} + \beta_3 \ln O_{it} + \beta_4 T + \varepsilon_{it}$$

$$(7-7)$$

本研究使用面板数据的固定效应模型与随机效应模型同时估计玉米生产各要素投入的产出弹性，并根据 Hausman 检验的结果选择最优的模型类型，若 Hausman 检验的 P 值>0.05 则接受原假设采用随机效应（RE）模型，否则采用固定效应（FE）模型。Hausman 检验结果显示，P 值=0.0009，在估计玉米生产各要素投入的产出弹性应采用固定效应（FE）模型。考虑到扰动项可能存在的组间异方差和组间同期相关，为确保模型估计的有效性，文中采用允许可行广义最小二乘法对模型进行估计。

根据玉米 C-D 生产函数的估计结果，化肥投入、其他物质与服务费用的增加均会对玉米产量的提高存在显著的正向促进作用，而其他劳动力投入与玉米产量之间并不存在显著的负相关关系。在其他因素一定的条件下，化肥投入、其他物质与服务费用每增加 1%，玉米产量分别提高 0.180% 和 0.299%，即玉米生产化肥投入的产出弹性为 0.180

（表7-1）。基于上述模型所估计的化肥产出弹性，进一步计算玉米生产化肥投入的边际产值。玉米生产化肥投入的边际产值为玉米价格与化肥边际产出之乘积。化肥边际产出即为增加一个单位的化肥投入所增加的玉米产出，可通过化肥产出弹性与玉米产量之积除以化肥折纯用量来计算。2004—2016年全国玉米平均售价为1.71元/千克，平均产量为457.97千克/亩，平均化肥折纯用量21.88千克/亩，由此可以计算出13年间玉米生产化肥投入的边际产值为6.44元/亩。进而可以利用化肥投入边际产值与化肥市场价格的比值，来检验我国玉米生产化肥投入是否过量。若该比值等于1，则实现了化肥的最优投入；若小于1，则存在化肥过量施用现象。2004—2016年我国化肥的平均售价为3.62元，可得化肥投入边际产值与化肥市场价格得比值为1.78，说明我国玉米生产化肥施用不存在过量现象。当施用量为最优时，玉米生产化肥投入的边际产值与化肥市场价格的比值为1，由此可计算出我国玉米生产的最优化肥投入量为38.94千克/亩。对于2004—2016年的平均化肥折纯用量21.88千克/亩而言，我国的玉米生产化肥施用量存在不足。

表7-1　玉米 C-D 生产函数估计

变量	系数	t 统计量	P 值
lnf	0.180 ***	2.65	0.009
lnl	−0.057	−2.51	0.013
lno	0.299 ***	6.74	0.000
_ cons	4.309 ***	25.14	0.000

注：*** 表示在1%的水平上显著

7.4 本章小结

本章节是通过基于经济学视角，构建玉米 C-D 生产函数模型，定量评价我国玉米生产的化肥投入强度，其研究结论如下：

2004—2016 年，我国玉米生产化肥折纯用量总体呈增加的趋势。当在其他因素一定的条件下，化肥投入、其他物质与服务费用每增加 1%，玉米产量分别提高 0.180% 和 0.299%，即玉米生产化肥投入的产出弹性为 0.180。我国玉米生产的化肥投入边际产值与化肥市场价格比值大于 1，由于玉米产业不景气以及农民在玉米生产中往往忽视玉米施肥问题，导致我国玉米生产化肥施用存在不足现象。我国玉米生产的最优化肥投入量为 38.94 千克/亩。

8　玉米生产增长路径选择及差异分析

——基于技术进步路径模式的视角

随着工业化、城镇化的迅速推进，加之"刘易斯"拐点的出现和人口红利的逐渐消失，土地要素的稀缺程度提高，粮食生产所面临的要素禀赋结构和相对价格正在发生根本性的变化，粮食生产逐渐进入到劳动力成本、土地经营成本和机会成本迅速上升的发展区间（洪传春、刘某承，2015）。这些都要求推动粮食产业发展由数量增长为主向数量质量效益并重转变、由主要依靠物质要素投入向依靠科技创新转变，这是农业供给侧结构性改革下降低粮食作物生产的成本、提高粮食生产综合经济效益、增加农民受益的主动选择。

对于农业生产来说，主要存在两种模式的技术进步，一种是用机械和动力降低劳动力以提高劳动生产率的机械型技术进步，另一种是用生物化学技术代替土地以提高土地生产率的生物化学型技术进步。随着劳动日工价与雇工工价的大幅上涨，劳动力投入和机械成本投入出现"剪刀差"现象，即劳动力价格的上升会诱致处"劳动节约型"的机械技术；随着土地成本—生物化学技术投入价格比率的不断上升，生产者将会减少对土地的投入，而更倾向于使用"土地节约型"的生物化学技术进行生产，即土地成本的上升会诱致处"土地节约型"的生物化学型技术进步。研究的结果表明，生产要素的稀缺程度不仅影响主要粮食作物生产成本高低，而且决定着主要粮食作物生产技术进步的路径模式。因此，本章节主要运用 2004—2016 年的省级面板数据，构建计量经济模型，测度不同阶段、不同区域玉米生产的机械型技术进步和生物化学型技术进步，对玉米生产阶段中起主导作用的技术进步模式进行分析与判定，探究不同优势区玉米生产技术进步模式选择的差异性。

8.1　不同优势区玉米生产投入分析

8.1.1　玉米生产总体情况分析

玉米是我国重要的粮食作物和工业原料，目前是我国第一大粮食作物，在粮食生产、流通和消费中具有十分重要的战略地位。

从玉米种植面积方面来看，2004—2016 年，我国玉米种植面积大体上经历了先增后减的发展态势（图 8-1）。2004—2015 年期间，我国的玉米种植面积由 2004 年的 25 446 千公顷增加到 2015 年的 38 119 千公顷，增加 12 673 千公顷，增加幅度达到 49.80%。但随着近年来国家农业供给侧结构性改革的实施以及对于"镰刀弯"地区种植结构调整等相关政策的影响，导致玉米种植面积已经有所缩减，2016 年我国玉米种植面积达到 36 768 千公顷，比 2015 年减少 1351 千公顷，缩减了3.54%。与此同时，从玉米生产优势区的种植面积情况来看，也大致呈现出同样的发展态势。2004—2015 年期间，13 个玉米优势主产省区的种植面积在全国玉米种植面积的比重由 2004 年 70.25% 增加到 2015年 74.49%，而到了 2016 年又缩减到 74.00%。

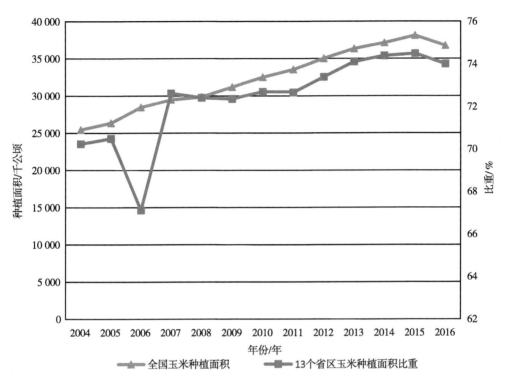

图8-1　2004—2016年全国玉米种植面积及优势区所占比重

　　从玉米产量方面来看，2004—2016 年，我国玉米产量大体上也是经历了先增后减的发展态势（图8-2）。2004—2015 年期间，我国的玉米产量由 2004 年的 13 029 万吨增加到 2015 年的 22 463.2 万吨，增加9 434.16 万吨，增加幅度达到了 72.41%。但由于受到"镰刀弯"地区种植结构调整等相关政策影响，导致 2016 年产量有所下降，达到21 955.2 万吨，同比 2015 年减少 2.26%；与此同时，从玉米生产优势区的产量情况来看，也大致呈现出同样的发展态势。2004—2015 年期间，13 个玉米优势主产省区的产量在全国玉米总产量的比重由 2004 年73.65% 增加到 2015 年的 77.97%，而到了 2016 年又下降到 77.33%。

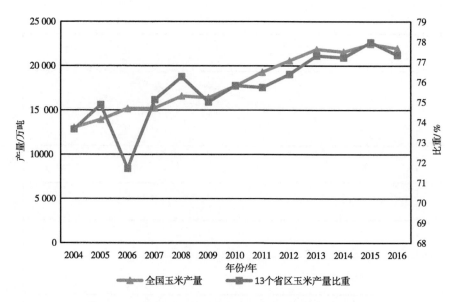

图 8-2　2004—2016 年全国玉米产量及优势区所占比重

8.1.2　优势区玉米生产投入分析

基于后文中要对优势区玉米生产技术进步模式进行分析，本研究则主要对三大优势区玉米生产的机械投入和生物化学投入进行分析。

从各个玉米优势产区的机械投入变化态势来看，三大优势产区均总体保持着显著增加的趋势（图 8-3）。其中，北方春玉米区、黄淮海夏玉米区和西南玉米区的机械投入分别由 2004 年的 43.40 元/亩、23.04 元/亩和 5.86 元/亩增加到 2016 年的 101.75 元/亩、86.53 元/亩和 29.36 元/亩，增幅分别达到 134.44%、275.54% 和 401.04%。从各个玉米优势产区的机械投入总量情况来看，各个优势区之间机械投入存在一定的差异。其中，北方春玉米区最高，黄淮海夏玉米区次之，西南玉米区最少。地理因素是影响各个优势产区机械投入的重要因素，北方春玉米区和黄淮海夏玉米区地势大多以平原为主，便于机械化生产的广泛推广与应用。

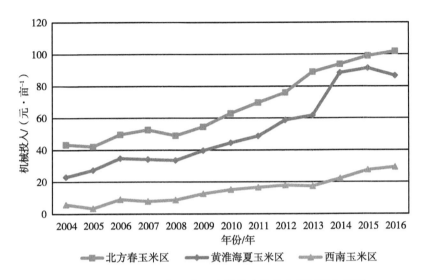

图 8-3　2004—2016 年三大玉米优势产区每亩机械投入情况

　　从各个玉米优势产区的劳动力变化态势来看，三大优势产区均总体保持着显著减少的趋势（图 8-4）。其中，北方春玉米区、黄淮海夏玉米区和西南玉米区的劳动力投入分别由 2004 年的 9.74 日/亩、8.53 日/亩和 17.91 日/亩减少到 2016 年的 5.57 日/亩、4.49 日/亩和 11.40 日/亩，减幅分别达到 42.81%、47.36% 和 36.34%。结合机械投入变化趋势分析发现，劳动力投入和机械投入之间存在明显的"剪刀差"，随着工业化和城镇化的快速推进，大量农村劳动力向二三产业转移，导致农村劳动力成本提高，进而加大了对机械投入的需求。从各个玉米优势产区的劳动力投入总量情况看来，各个优势区之间劳动力投入存在一定差异。其中，西南玉米区最高，北方春玉米区次之，黄淮海夏玉米区最少。

　　从各个玉米优势产区的生物化学投入变化态势来看，三大优势产区总体保持着波动中相对稳定的发展态势（图8-5）。其中，西南玉米区的生物化学投入由2004年的138.42元/亩减少到2016年的129.79元/亩，减幅为6.23%；而北方春玉米区和黄淮海夏玉米区的生物化学投入则分别由2004年的127.51元/亩和98.15元/亩增加到2016年的141.41元/亩和131.67元/亩，增幅分别为10.90%和34.16%。从各个玉米优势产区的生物化学投入总量情况看来，各个优势区之间生物化学投入存在一定差异。其中，北方春玉米区最高，黄淮海夏玉米区次之，西南玉米区最少。

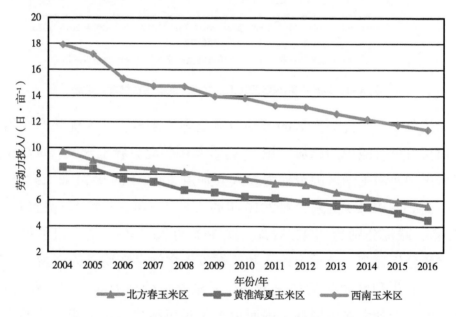

图8-4　2004—2016年三大玉米优势产区每亩劳动力投入情况

从各个玉米优势区的机械投入和生物化学投入比例情况来看，各个优势区生物化学投入均高于机械投入（图8-6）。其中，2016年，西南玉米区的生物化学投入与机械投入之比为4.42，两者相对差距最大；北方春玉米区的生物化学投入与机械投入之比为1.39，两者相对差距最小。从机械投入和生物化学投入的动态结构变化来看，2004—2016 年三大玉米优势区的生物化学投入与机械投入之比均呈现出稳步下降的态势。北方春玉米区、黄淮海夏玉米区、西南玉米区的生物化学投入与机械投入之比分别由 2004 年的 2.94、4.26 和 23.62 下降到 2016 年的 1.39、1.52 和 4.42。可见，各个优势区对于机械投入的重视程度逐渐提高。

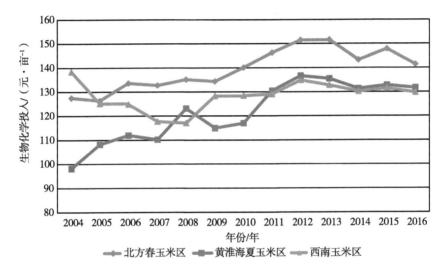

图 8-5　2004—2016 年三大玉米优势产区每亩生物化学投入情况

8.1.3　小结

从玉米生产总体情况分析结果表明，之前由于玉米生产现金成本的不断提高，导致了我国玉米生产的现金收益逐年下降。而且，随着近年来国家农业供给侧结构性改革的实施以及"镰刀弯"地区种植结构调整等相关政策的影响，导致玉米生产已经有所缩减，因而当前我国玉米生产大体上也是经历了先增后减的发展态势。从玉米生产投入来看，各个优势区明显表明机械投入对劳动力投入的替代作用，即机械投入增加，劳动力投入减少，其中北方春玉米区机械投入最高而黄淮海夏玉米区劳动力投入最少；各个优势区生物化学投入相对较为稳定，其中北方春玉米区最高而西南玉米区最少。从物质费用构成情况来看，各个优势区生物化学投入均高于机械投入，但各个优势区机械投入的重视程度正在逐渐提高。

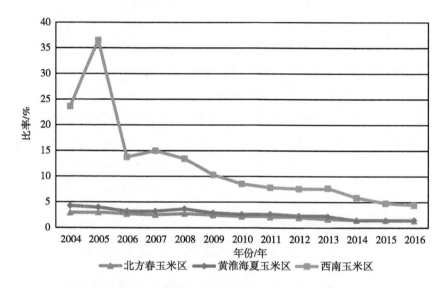

图 8-6   2004—2016 年三大玉米优势产区每亩生物化学投入
与机械投入比例情况

8.2   玉米技术进步模式的测度

8.2.1   研究方法

本研究主要通过利用 E-S 模型（荏开津典生，1985）来测度不同阶段、不同区域玉米生产的生物化学型技术进步和机械型技术进步程度。在农业生产中，其生产要素投入主要包括土地、劳动力、农业机械和生物化学投入，其生产函数形式为：

$$Y = f(V,\ S,\ L,\ K) \qquad (8-1)$$

其中，Y 代表玉米产量，V 代表种子、化肥、农药等生物化学投入，S 代表玉米播种面积，L 代表劳动力投入，K 代表农业机械、农业设备等机械投入。

在生产函数的具体形式上，比较理想的是柯布—道格拉斯生产函数，但是它要求在投入要素之间具有替代性，根据现有的研究成果以及农业生产实际，可以认为 V 和 S 具有替代关系，可以作为一组来体现生产的生物化学技术，K 和 L 具有替代关系，可以作为一组来体现机械技术进步，并且这两组之间具有互补关系，就有了农业生产过程的生物化学（BC）过程和机械（M）过程，它们就是农业生产过程中 BC 侧面和 M 侧面。

根据里昂惕夫生产函数的思想，可以得到如下生产函数：

$$Y = \min\big[\,F(V,\ S),\ G(L,\ K)\,\big] \qquad (8-2)$$
$$F = A\,V^{\alpha}\,S^{\beta}$$
$$G = B\,K^{\gamma}\,L^{\delta}$$

其中，A、B、β、γ、δ、α 为待估变量。

根据 E-S 模型，可以将生产函数设定为：

$$Y_{BC} = A\,V^{\alpha}\,S^{\beta} \qquad (8-3)$$
$$Y_{M} = B\,K^{\gamma}\,L^{\delta} \qquad (8-4)$$

公式（8-2）和公式（8-3）分别表示玉米生产的生物化学型（BC）生产函数和机械型（M）生产函数。

在此基础上分别建立 t 期及 $t+n$ 期玉米生产的 BC 型和 M 型生产函数，根据下面公式来测定某一时期的生物化学型（BC）技术进步指数和机械型（M）技术进步指数：

$$Q_{BC} = \frac{A_{t+n} \, V_{t+n}^{\alpha} \, S_{t+n}^{\beta}}{A_t \, V_t^{\alpha} \, S_t^{\beta}} \tag{8-5}$$

$$Q_M = \frac{B_{t+n} \, K_{t+n}^{\gamma} \, L_{t+n}^{\delta}}{B_t \, K_t^{\gamma} \, L_t^{\delta}} \tag{8-6}$$

Q_{BC} 和 Q_M 是某一时期的 BC 型和 M 型技术进步指数。

8.2.2 样本选择与数据来源

本研究使用的数据均来自历年《全国农产品成本收益资料汇编》《中国农村统计年鉴》等官方统计资料。为了保证数据的可得性和完整性，本研究选取了 2004—2016 年玉米三大优势区：北方春玉米区（内蒙古、黑龙江、吉林、辽宁、宁夏、甘肃、新疆）、黄淮海夏玉米区（河南、山东）和西南玉米区（重庆、四川、云南、贵州）共 13 个玉米主产区的玉米生产数据，主要包括玉米产量、玉米播种面积、每亩用工人数、生物化学投入（种子费、化肥费、农家肥费、农药费、农膜费）、机械投入（机械作业费、排灌费、燃料动力费）。为了消除价格因素的影响，本研究以 2004 年为基期，使用农业生产资料综合指数对生物化学投入和机械投入数据进行平减。

8.3 玉米生产技术进步模式分析

8.3.1 玉米生产技术进步模式的年度判别

本研究对玉米生产的 M 生产函数和 BC 生产函数进行线性回归，并在此基础上计算各要素的技术进步指数，表 8-1 和表 8-2 分别为 M

生产函数和 BC 生产函数的回归结果。

从玉米机械型生产函数回归结果来看（表 8-1），机械投入弹性系数总体呈波动式上升的发展态势，在 2015 年达到最高点 0.516，整体上升趋势明显，表明随着机械投入的不断增加，其对产出的贡献也越来越大，机械投入的边际产出效应也随之不断提高；与此同时，劳动投入弹性系数总体则呈波动式下降趋势，说明机械投入对劳动投入的替代作用日渐增强。

表 8-1　2004—2016 年玉米机械型生产函数回归结果

年份	机械投入弹性系数	劳动力投入弹性系数	常数项
2004	0.253	0.734	3.510
2005	0.220	0.750	3.763
2006	0.249	0.737	3.613
2007	0.219	0.729	4.123
2008	0.236	0.730	3.977
2009	0.227	0.716	4.199
2010	0.305	0.650	3.937
2011	0.482	0.516	3.102
2012	0.447	0.537	3.347
2013	0.410	0.526	4.010
2014	0.455	0.461	4.082
2015	0.516	0.449	3.359
2016	0.512	0.451	3.413

从玉米生物化学型生产函数回归结果来看（表 8-2），2004—2015 年期间玉米生物化学型投入弹性系数和土地投入弹性系数均表现出较大的波动性，近年来土地投入弹性系数要明显高于生物化学型投入弹性系数，而且二者之间存在一定的替代性，因此生物化学型投入对玉

米产量的促进作用相对有限。

表 8-2   2004—2016 年玉米生物化学型生产函数回归结果

年份	生物化学投入弹性系数	土地投入弹性系数	常数项
2004	0. 064	0. 914	8. 249
2005	0. 127	0. 861	7. 743
2006	0. 074	0. 945	7. 908
2007	0. 276	0. 688	6. 772
2008	0. 102	0. 891	7. 937
2009	0. 073	1. 014	9. 579
2010	0. 049	1. 013	9. 257
2011	0. 474	0. 595	4. 537
2012	0. 305	0. 717	6. 195
2013	0. 369	0. 669	5. 596
2014	0. 261	0. 763	6. 515
2015	0. 307	0. 736	6. 039
2016	0. 256	0. 782	6. 473

8.3.2   玉米技术进步模式的阶段性判别

由于玉米生产不仅受到土地、劳动力、机械投入、生物化学投入等因素的影响，还会受到气候条件等其他外界因素的影响，而且从2004—2016 年时间跨度较长，可能会丢失一些机械型技术和生物化学型技术的变化信息。因此，根据农业发展的阶段划分，本章将这一时期分为 2004—2007 年和 2008—2016 年，对各个阶段机械型生产函数和生物化学型生产函数进行分析，表 8-3 为这两阶段机械型生产函数和生物化学型生产函数的回归结果。

表8-3 不同阶段我国玉米机械型生产函数和生物化学型生产函数回归结果

时期	M 函数			BC 函数		
	机械投入 弹性系数	劳动力投入 弹性系数	常数项	生物化学投入 弹性系数	土地投入 弹性系数	常数项
2004—2007	0.235	0.737	3.786	0.134	0.853	7.680
2008—2015	0.348	0.604	3.926	0.251	0.771	6.599

从回归结果来看，机械型生产函数和生物化学型生产函数的显著性检验都较为理想。两阶段弹性系数相比，机械投入弹性系数由0.235增长到0.348，其对劳动力的替代由0.32增加为0.58，与此同时，生物化学投入弹性系数由0.134增加到0.251。可见，从阶段性分析结果来看，现阶段我国玉米生产主要是以机械技术进步为主。

8.3.3 玉米优势区域技术进步模式判别

由于我国幅员辽阔，优势区域之间资源禀赋不同，因此本研究在我国玉米技术进步总体情况分析的基础上，对不同优势区域玉米机械型生产函数和生物化学型生产函数进行回归分析，比较不同优势区域之间技术进步模式的差异，分析不同地区各投入要素产出弹性的差异。表8-4为不同优势区域玉米机械型生产函数和生物化学型生产函数的回归结果。

表8-4 三大优势区玉米机械型生产函数和生物化学型生产函数回归结果

优势区	M 函数			BC 函数		
	机械投入 弹性系数	劳动力投入 弹性系数	常数项	生物化学投入 弹性系数	土地投入 弹性系数	常数项
北方春玉米区	0.609	0.402	2.635	0.139	0.835	7.853

（续表）

优势区	M 函数			BC 函数		
	机械投入弹性系数	劳动力投入弹性系数	常数项	生物化学投入弹性系数	土地投入弹性系数	常数项
黄淮海夏玉米区	0.298	0.515	5.884	0.584	0.007	7.786
西南玉米区	0.109	0.606	6.658	0.171	1.111	10.173

从不同优势区玉米机械投入产出弹性系数来看，北方春玉米区的机械投入产出弹性最高，黄淮海夏玉米区次之，而西南玉米区最低。这主要是由于北方春玉米区和黄淮海夏玉米区地势平缓，有利于机械化生产，因此其机械化投入相对较大，机械化水平较高，相对应地机械投入的边际产出能力也强。而西南玉米区由于地势不利于机械化生产的推进，其机械投入较少，机械投入的边际产出能力也相对较弱。从不同优势区玉米生物化学投入产出弹性系数来看，不同优势区玉米生物化学投入产出弹性系数存在显著差异，黄淮海夏玉米区最高，西南玉米区次之，北方春玉米区最低。

8.4 本章小结

本章基于技术进步模式的视角，研究玉米生产增长路径的选择及差异，以提出不同类型、不同地区玉米生产应选择的与其资源禀赋相匹配的技术进步路径模式，主要研究结论如下。

从整体回归结果来看，玉米生产机械投入弹性系数增长明显，劳动力投入弹性系数整体则呈现下降趋势，机械投入对劳动力投入的替代效应增强；玉米生物化学型投入弹性系数表现出较大的波动性，且生物化学型投入对玉米产量的促进作用相对有限。从阶段性分析结果来看，现阶段我国玉米生产主要是以机械技术进步为主。

从各优势区回归结果来看，总体上，不同优势区玉米机械投入产出弹性系数存在显著差异，北方春玉米区的机械投入产出弹性最高，黄淮海夏玉米区次之，而西南玉米区最低。不同优势区玉米生物化学投入产出弹性系数也存在显著差异，黄淮海夏玉米区最高，西南玉米区次之，北方春玉米区最低。

9 研究结论与政策建议

本研究是在成本理论、规模经济理论、比较优势理论、成本效率理论等经济学相关理论以及相关研究成果的指导下，构建起农业生产者从事粮食作物生产活动及其影响因素分析框架。对我国玉米生产的发展历史、区域空间布局以及未来阶段发展走势进行系统的分析和研判。在分析玉米生产投入和产出的现阶段特点、动态特征及其差异的基础上，对中美玉米生产的成本差异及成因进行比较分析，合理归纳和总结优化我国玉米生产成本的借鉴与启示，分析玉米生产收益的影响因素，评估各因素对玉米生产收益影响的敏感程度，进而研究玉米成本投入要素的诱导效应及增长机制，并基于经济学视角定量评价玉米生产中的化肥投入水平，最后基于技术进步模式的视角，研究玉米生产增长路径选择及差异，以提出不同类型、不同区域玉米生产应选择的与其资源禀赋相匹配的技术进步路径模式。本研究成果对于制定我国经济发展新常态下更为有效的玉米生产可持续发展的支持政策、降低玉米生产成本、提高玉米生产的综合效益、增加农民收入，具有重要的理论和现实意义。

9.1 研究结论

（1）我国玉米生产的发展现状与空间布局 基于粮食、饲料、经济兼用的多功能性，玉米已经成为中国目前种植面积最大且总产量最高的第一大作物，在中国粮食生产和消费中占有十分重要的地位。回顾我国玉米生产的历史发展演变过程，结合我国玉米生产发展外部环境和自身发展特点的时间节点，大致可以以 1984、1993 和 2003 年为节点划分为四个阶段，分别是：平稳增长阶段（1978—1984 年）、快速增长阶段（1985—1993 年）、波动性发展阶段（1994—2003 年）和恢复增长阶段（2004—2016 年）。虽然全国各地都有玉米种植，然而由于各地自然条件的差异以及玉米与其他农作物之间的替代关系各有不同，加之我国玉米生产具有极强的地域特点，使得不同的地区和区域之间在玉米生产集中度和玉米生产规模指数方面均表现出不同的玉米生产状态，在空间布局上也存在一定的规律性。根据生态特点、市场区位、生产规模、产业基础等情况，将我国玉米分为北方春玉米区、黄淮海夏玉米区和西南玉米区 3 个优势区域。北方春玉米区包括黑龙江、吉林、辽宁、内蒙古、宁夏、甘肃、新疆 7 个玉米种植区，河北、北京北部，陕西北部与山西中北部及太行山沿线玉米种植区；黄淮海夏玉米区涉及黄河流域、海河流域和淮河流域，包括河南、山东、天津，河北、北京大部，山西、陕西中南部和江苏、安徽淮河以北区域；西南玉米区主要由重庆、四川、云南、贵州、广西及湖北、湖南西部的玉米种植区构成，是我国南方最为集中的玉米产区。

（2）我国玉米成本投入和产品产出的现阶段特点 成本投入方面，现阶段我国玉米生产总成本为 1 065.69 元/亩，基于经济成本维度的生产成本与土地成本分别为 831.79 元/亩和 224.52 元/亩，基于会计成本维度的现金成本与机会成本分别为 419.32 元/亩和 636.99 元/亩，基于技术进步路径模式维度的生物化学投入成本、机械投入成本、人工成本、土地成本、其他成本分别为 220.32 元/亩、125.93 元/亩、464.22 元/亩、224.52 元/亩和 21.33 元/亩。产品产出方面，现阶段我国玉米基于产品实物量维度的主产品产量、主产品已出售产量分别为 489.23 千克/亩和 335.04 千克/亩，基于产品产值维度的主产品产值、副产品产值、主产品已出售产值分别为 960.96 元/亩、27.47 元/亩和 652.36 元/亩，基于产品收益维度的净利润及现金收益分别为 -68.64 元/亩和 568.41 元/亩。

玉米三大优势区成本投入和产品产出方面差异显著，总成本由低到高依次为西南玉米区 868.418 元/亩、北方春玉米区 795.685 元/亩、黄淮海夏玉米区 629.772 元/亩，产量由高到低依次为北方春玉米区 518.993 千克/亩、黄淮海夏玉米区 460.853 千克/亩、西南玉米区 385.087 千克/亩。

（3）玉米生产的人工成本与土地成本呈现逐年攀升的特征 工业化与城镇化的发展，一方面使得农业比较优势逐渐丧失，大量农业劳动力向二三产业转移，造成农业劳动力价格的上涨以及从事农业机会成本的增加，导致玉米人工成本大幅增长，玉米人工成本由 2004 年的 140.49 元/亩增加至 2016 年的 332.71 元/亩，增幅达 136.82%。另一方面，由于农用耕地不断减少，加之 2003 年政府出台了减免农业税及发放各类农业补贴的政策，耕地需求快速增加，土地供需矛盾加剧，土地价格显著上涨，玉米生产的土地成本也由 2004 年的 61.44 元/亩增加至 2016 年的 172.81 元/亩，增加幅度达到 181.27%。2016 年，玉米生产的人工成本与土地成本居于前两位，无论是绝对量还是增长速度，均高于机械投入成本与生物化学投入成本。

（4）中美两国玉米生产的成本水平和成本构成上有着很大的差异

美国和中国是世界上玉米产量最大的两个国家。美国在玉米生产方面多采用大规模、机械化的生产经营方式，而中国在玉米生产方面则仍是以农户家庭为基本生产单位的生产经营方式。生产经营方式的不同使得中美两国玉米生产的成本水平和成本构成上有着很大的差异性。与美国相比，中国玉米成本由低成本优势逐渐转变为高成本劣势；中国玉米成本呈现出先波动下降，再连年激增，后迅速回落的变动趋势；美国玉米成本则始终呈现平稳波动的变动规律。中美玉米成本构成存有差异。2016 年，中国玉米生产成本结构中占比最高的 6 类费用依次是：家庭用工成本、土地成本、肥料费、作业费、种子费、雇工费；美国则依次是：土地成本、肥料费、固定资产折旧、种子费、农药费、家庭用工成本。不同时期，不同成本项目的变动规律也各不相同。成本差异的产生原因是生产规模不同、生产方式不同、科技含量不同和保障手段不同。

（5）基于现金成本的玉米生产现金收益和基于总成本的净利润在波动中趋于下降的发展态势　2004—2016 年我国玉米生产的现金收益均呈现出波动中趋于下降的发展态势，先是由 2004 年的 36.19 元/亩增加到 2010 年的 41.76 元/亩，增加幅度达到了 15.40%，随后出现了整体下滑的发展态势，下降到 2016 年的 17.63 元/亩，下降幅度达到了 57.80%。其中，黄淮海夏玉米区现金收益最高，而西南玉米区现金收益最低。与此同时，受到成本与产值的共同影响，由于总成本的上涨幅度远大于总收益的上涨幅度，导致我国玉米的净利润逐年趋于下降，由 15.34 元/亩下降到 -15.48 元/亩，降幅达到了 200.93%。其中，黄淮海夏玉米区净利润最高，西南玉米区净利润最低。

（6）基本投入要素、经济发展阶段、区域环境因素均对玉米生产者现金收益产生影响，其中机械投入对玉米生产收益影响的敏感程度最高。玉米生产的现金收益对机械投入的变动最为敏感，其次为生物化学投入，二者对玉米生产现金收益的增加具有显著的正向促进作用，其在几何平均数处的产出弹性分别为 0.12%、0.81%。劳动投入、土地投入和其他投入的增加将导致玉米生产现金收益的减少，其在几何平均数处的产出弹性分别为 0.17%、0.24% 和 0.67%。使用生物化学投入代替土地投入，使用农业机械投入代替劳动投入，更有利于玉米生产者现金收益的提高。区域环境对玉米生产现金收益也具有显著影响，相较于黄淮海夏玉米区，北方春玉米区生产的现金收益会更高一些。

（7）劳动力价格的上升促进"劳动节约型"的机械技术的使用，土地价格的攀升促进"土地节约型"的生物化学技术的使用，当前我国玉米生产为劳动生产率导向路径。根据速水—拉坦的农业诱致性技术变迁理论，农业生产要素相对价格的变化会诱致技术进步的路径方向及要素之间的相互替代。2004—2016 年，我国玉米生产的劳动力价格大幅上涨，导致劳动用工数量的减少与机械投入成本的提高，劳动力价格的上升诱致出了"劳动节约型"的机械技术。与此同时，我国玉米的土地价格也不断提高，生物化学投入成本在波动中有所上升，土地价格的攀升诱致出了"土地节约型"的生物化学技术。当前我国及三大玉米优势产区玉米生产为劳动生产率导向路径，在农业劳动力流失及劳动力机会成本上涨的背景下，主要依靠"劳动节约型"的机械技术促进玉米增长，黄淮海夏玉米区对劳动生产率导向路径的依赖程度最高。

（8）玉米生产中化肥使用量逐年增加，但由于玉米产业不景气以及农民在玉米生产中往往忽视玉米施肥问题，导致我国玉米生产化肥施用存在不足现象。随着生物化学技术的发展，我国生产化肥折纯用量总体呈增加的趋势，对玉米产量的提高具有一定的促进作用。当在其他因素一定的条件下，化肥投入、其他物质与服务费用每增加1%，玉米产量分别提高0.180%和0.299%。但由于玉米产业不景气以及农民在玉米生产中往往忽视玉米施肥问题，导致我国玉米生产化肥施用存在不足现象。经进一步计算，我国玉米生产的最优化肥投入量为38.94千克/亩。

（9）现阶段我国玉米生产主要是以机械技术进步为主，三大优势产区机械投入的边际产出效应差异显著。从阶段性分析结果来看，现阶段我国玉米生产主要是以机械技术进步为主，而生物化学型投入对玉米产量的促进作用相对有限。从不同优势区玉米机械投入产出弹性系数来看，北方春玉米区的机械投入产出弹性最高，黄淮海夏玉米区次之，而西南玉米区最低。从不同优势区玉米生物化学投入产出弹性系数来看，黄淮海夏玉米区最高，西南玉米区次之，北方春玉米区最低。

9.2 政策建议

9.2.1 加快推进玉米集约化、规模化生产

各个优势区应借助玉米生产经营的规模化来充分释放规模经济效果，既可以减少玉米生产的每亩用工数量，达到抑制劳动力投入增长的目的，也可以提高成本效率。针对我国不同玉米生产区域，建议通过培育新型农民合作组织等形式，在不同区域推行适度规模经营的生

产方式，提高玉米生产集约化、规模化生产水平，降低人工成本，提高成本效率。在北方春玉米区和黄淮海夏玉米区，有条件的应加大土地流转力度，加快土地确权进度，培育农民专业合作组织，尤其是联合社等规模较大的合作组织发展，确保能够因地制宜推行大规模种植模式，以充分释放生产规模经济效益，可着重推行适度规模经营的生产方式；而在西南玉米区内耕地条件缺乏的地区则建议主要采取农民合作社带动小农户的方式，推广适度规模经营的生产方式，以起到抑制劳动力投入过度上涨的作用。

9.2.2 提高农业机械的综合性能和质量水平

劳动力价格的攀升诱致我国玉米生产主要采用"节约劳动型"的机械技术进步模式，当前我国玉米机械化生产发展较快，整体机械化水平较高，但仍存在较多问题，如农户经营规模小、科技研发水平有待提高、农机化服务体系尚未健全等问题，进一步通过提升机械化水平提高玉米生产效率的潜力有限，必须从提高机械化生产水平向调整优化农业机械结构提高机械化生产效率转变。一是从产业链角度，大力提高农机具自主研发力度，聚焦玉米生产各个环节，优化农业机械装备结构，提高大中型农机与小型农机的配套效率。二是从区域结构角度，结合各地区地形与种植结构特点，调整各区域机械生产资源，优化农业机械化生产布局，根据不同优势区特点实施适宜的机械化发展方向和措施。同时，适当增加对农业机械的补贴力度，健全农业机械社会化服务体系，促进农业生产性服务业发展，加快培育机械化农业生产经营主体，创新服务方式，提升农业机械"规模化作业"的能力和水平。

9.2.3 加大玉米产业科技攻关

当前，农业生产中机械和生物化学投入的边际产出效应远大于劳动力和土地投入，农业生产由原始要素投入向依靠科技生产转变，加大农业科技研发力度与投入。在我国劳动力成本持续上升的环境下，农业科技创新应更加关注节约成本，基于地区优势，研发适宜的农业机械，提升机械作用效率；根据各优势区发展方向，研发适宜的玉米新品种，加快推进特色玉米优势区建设；研发绿色新型肥料，以有机肥替代化肥，提升玉米生产健康化和生态化；加大对病虫害防治、生物农药等生物化学技术的研发，以减少剩余劳动力需求瓶颈的约束。同时，促进机械化生产和生物化学技术的有机结合，提升整体作业效率，缓解我国玉米生产与劳动力、耕地稀缺的矛盾；促进玉米加工技术进步，充分利用玉米种植产出物加工成饲料、食品、医药、淀粉等产品，提高玉米加工效率，增加玉米产值，是加快玉米加工业发展的基本思路。推动信息技术与机械化生产的有机结合，促进智能化农业发展，充分发挥企业在创新中的主体地位和引领作用，创新需求引导方式，以需求引领玉米产业科技创新发展方向。

9.2.4 合理制定玉米主产区生产规划

通过相关政策措施，优化玉米产业的结构布局，可以充分发挥地区比较优势，淘汰劣势玉米产能，继而从整体上提高玉米生产的成本效率。在具体方法上，可分为退出种植和替代种植两种方式。首先，在部分"镰刀弯"玉米生产比较优势较低的种植区域，适当退出玉米种植，即降低区域总体成本，也可提高当地农民收益。东北冷凉区、北方农牧交错区的黑龙江、内蒙古，西北风沙干旱区甘肃，西南石漠化区的云南、贵州的部分地区气候和地理条件不利于玉米种植，生产成本反而较高，适当调减退出种植，改种适宜环境的其他作物，不仅有利于降低北方区整体玉米生产成本，也有利于增加当地农民的经济收益。其次，在适宜的区域，调减籽粒玉米种植，代而种植青贮玉米和鲜食玉米。

9.2.5　完善玉米生产相关扶持政策

一是要调整玉米生产结构。对不同地区玉米生产实行不同的政策，在适合玉米种植的区域进行集约化的生产，使有限的土地资源发挥最大的效益。在不具有玉米种植优势的地区转种其他作物，使玉米生产布局更为优化。二要完善玉米价格政策，加大对玉米种植户农业机械购买补贴，稳定玉米种植户的收益。加大农业财政投入力度与农村人才队伍建设，加强农业科技财政投入，完善农业生产基础设施，吸纳专业技能人员、种植能手到农业生产。三是要加强金融支持政策，引导和鼓励农业金融企业参与玉米生产结构调整，建立完善的农业生产信贷体系，支持农业合作社、种植大户等新型农业经营主体进行玉米适度规模经营。此外，应注意的是农业政策的制定应有一定的稳定性和连续性，政策的实施要注重效率的提高，从而为玉米稳定生产提供强有力的政策保障。

参考文献

曹鹏，羿国香．2017．湖北省玉米生产发展历程、存在的问题及对策［J］．湖北农业科学，56（4）：617-620.

柴斌锋，陈玉萍，郑少锋．2007．玉米生产者经济效益影响因素实证分析——来自三省的农户调查［J］．农业技术经济（6）：34-39.

柴斌锋，郑少锋，李哲．2007．中国玉米生产成本地区差异的实证分析［J］．商业研究（12）：110-115.

陈芙蓉，赵一夫．2019．中国玉米生产要素替代关系及技术进步路径分析——基于主产省2000—2016年数据［J］．湖南农业大学学报（社会科学版），20（1）：26-34.

陈默，郭丽华．2019．河北省玉米生产成本收益影响因素分析［J］．合作经济与科技（9）：26-28.

陈苏，胡浩，傅顺．2018．要素价格变化对农业技术进步及要素替代的影响——以玉米生产为例［J］．湖南农业大学学报（社会科学版），19（3）：24-31.

陈昕蓓，尉京红．2018．基于SBM模型的河北省玉米生产效率研

究 [J]. 农村经济与科技, 29 (15): 206-208.

陈印军, 王琦琪, 向雁. 2019. 我国玉米生产地位、优势与自给率
    分析 [J]. 中国农业资源与区划, 40 (1): 7-16.

陈玉珠, 周宏, 殷戈. 2016. 东北玉米播种面积变化与相关成本效
    益比较研究: 基于替代种植视角 [J]. 农业现代化研究 (3):
    489-495.

邓大才. 2005. 中国粮食生产的机会成本研究 [J]. 经济评论
    (6): 45-62.

董宏林, 王微. 2015. 宁夏不同农业经营主体种植玉米和水稻的生
    产效率比较 [J]. 安徽农业科学, 43 (30): 305-307.

郭庆海. 2010. 中国玉米主产区的演变与发展 [J]. 玉米科学, 18
    (1): 139-145.

郭焱, 朱俊峰. 2017. 我国玉米生产的时空特征分析 [J]. 农业经
    济与管理 (1): 17-24.

河北省现代农业产业技术体系玉米产业创新团队专家. 2019. 2019
    年河北省春玉米生产技术指导意见 [J]. 河北农业 (5): 7-8.

黄季焜, 马恒运. 2000. 中国主要农产品生产成本与主要国际竞争
    者的比较 [J]. 中国农村经济 (5): 17-21.

黄祖辉, 胡豹. 2005. 谁是农业结构的主体——农户行为及决策分
    析 [M]. 北京: 中国农业出版社.

贾学文. 2014. 中国玉米市场供求关系研究 [D]. 北京: 中国农业
    科学院.

贾正雷, 程家昌, 李艳梅, 等. 2018. 1978—2014 年中国玉米生产
    的时空特征变化研究 [J]. 中国农业资源与区划, 39 (2): 50-
    57.

姜天龙，李美佳 . 2015. 基于 Malmquist 指数法的东北三省玉米生产效率评价 [J]. 玉米科学，23（6）：154-158.

姜修胜，刘瑞涵，郭燕婷 . 2016. 北方春玉米生产技术效率分析 [J]. 农业展望（11）：51-54.

姜宇博，蒋和平，钱春荣，等 . 2019. 我国玉米生产效率影响因素及提升途径研究进展 [J]. 江苏农业科学，47（5）：12-15.

姜宇博，李爽，于洋，等 . 2016. 黑龙江省玉米生产效率变化趋势研究 [J]. 现代农业科技（23）：24-26.

蒋咏 . 2018. 辽宁省玉米种植生产现状及发展趋势 [J]. 农业工程技术（综合版）（11）：72-73.

李谷成，冯中朝 . 2010. 中国农业全要素生产率增长：技术推进抑或效率驱动——一项基于随机前沿生产函数的行业比较研究 [J]. 农业技术经济（5）：4-14.

李谷成，冯中朝 . 2010. 中国农业全要素生产率增长：技术推进抑或效率驱动——一项基于随机前沿生产函数的行业比较研究 [J]. 农业技术经济（5）：4-14.

李国祥 . 2016. 玉米价格与生产者收益关系的研究——基于我国玉米收储制度改革背景下的思考 [J]. 价格理论与实践（4）：53-58.

李晶晶，刘文明，姜天龙 . 2017. 玉米主产省玉米生产效率及收敛性分析 [J]. 吉林农业大学学报，39（4）：494-499.

李宁 . 2008. 我国粮食生产成本变化的总趋势及其规律分析 [J]. 价格理论与实践（9）：46-47.

李欠男 . 2017. 中国玉米生产空间布局变化及其驱动因素的实证研究 [D]. 武汉：华中农业大学.

李欠男，程沅孜．2017．我国玉米生产布局变迁及影响因素［J］．江苏农业科学，45（18）：284-288．

李首涵．2015．中国玉米生产技术效率、技术进步与要素替代——基于超对数随机前沿生产函数的分析［J］．科技与经济，28（6）：52-58．

李雅剑，王志刚，高聚林，等．2016．基于密度联网试验和 Hybrid-Maize 模型的内蒙古玉米产量差和生产潜力评估［J］．中国生态农业学报，24（7）：935-943．

廖东声，万艳．2016．广西玉米产业生产成本控制问题分析［J］．经济研究参考（29）：75-80．

刘爱民，徐丽明．2002．中美主要农产品生产成本与效益的比较及评价［J］．中国农业大学学报（社会科学版）（4）：25-30．

刘超，王雅静，陈其兰，等．2018．中国玉米生产技术效率的测度及其影响因素研究［J］．世界农业（8）：139-145．

刘春香，闫国庆．2012．我国农业技术创新成效研究［J］．农业经济问题（2）：32-37．

刘江，潘宇弘，王平华，等．2018．1966—2015 年辽宁省玉米气候生产潜力的时空特征［J］．生态学杂志，37（11）：3 396-3 406．

刘念，李晓云，黄玛兰．2017．中国玉米生产要素使用效率时空分析——基于 DEA 模型的实证［J］．江苏农业科学，45（24）：348-352．

刘鹏凌，毕桂林，黄春，等．2019．全国玉米主产区生产效率分析及影响因素研究——基于 DEA-Tobit 两步法［J］．云南农业大学学报（社会科学），13（4）：114-120．

刘清泉. 中美玉米生产成本结构差异与影响因素分析 [J]. 中国
　　畜牧杂志, 52 (18): 1-5.

刘莹, 黄季焜. 2010. 农户多目标种植决策模型与目标权重的估计
　　[J]. 经济研究 (1): 148-157.

卢德成. 2018. 区域玉米生产成本影响因素德实证分析 [J]. 中国
　　农业资源与区划, 39 (3): 18-23.

卢德成. 2018. 中国玉米生产成本优化研究 [D]. 北京: 中国农业
　　科学院, 2018.

卢瑞雪, 刘瑞涵, 王俊英, 等. 2015. 北京春玉米生产经营现状分
　　析——基于 9 区县的调查 [J]. 北京农学院学报, 30 (1):
　　115-117.

陆光米, 朱再清. 2017. 我国棉花与玉米、大豆生产效益的比较分
　　析 [J]. 湖南农业科学, (9): 115-120.

吕杰, 金雪, 韩晓燕. 2016. 农户采纳节水灌溉的经济及技术评价
　　研究——以通辽市玉米生产为例 [J]. 干旱区资源与环境, 30
　　(10): 151-157.

栾义君, 杨照, 韩洁. 2014. 玉米生产技术效率的随机前沿分析
　　[J]. 南方农村 (8): 27-29.

麻吉亮. 2018. 农户兼业化对粮食生产决策的影响: 以玉米为例
　　[J]. 山西农业大学学报 (社会科学版), 17 (5): 27-32.

马宝新. 2018. 黑龙江省玉米生产现状与对策 [J]. 黑龙江农业科
　　学 (12): 111-112.

马文杰. 2006. 我国粮食综合生产能力研究 [D]. 武汉: 华中农业
　　大学.

马晓河. 2011. 中国农业收益与生产成本变动的结构分析 [J]. 中

国农村经济（5）：4-11.

农业农村部市场预警专家委员会 .2019.中国农业展望报告（2019—2028）［M］.北京：中国农业科学技术出版社.

彭克强 .2009.中国粮食生产收益及其影响因素的协整分析——以1984—2007年稻谷、小麦、玉米为例［J］.中国农村经济（6）：13-26.

全炯振 .2009.中国农业全要素生产率增长的实证分析：1978—2007年——基于随机前沿分析（SFA）方法［J］.中国农村经济（9）：36-47.

舒坤良，郭亚梅，高敬伟，等 .2010.中国玉米生产二次相对效率评价［J］.玉米科学，18（5）：145-148.

孙成韬，王延波 .2015.辽宁省玉米生产现状、主要问题及解决途径［J］.农业经济（3）：15-17.

孙炜，李谷成，高雪 .2018.玉米生产成本效率的地区差异及其影响因素——基于17个主产省2004—2015年的数据［J］.湖南农业大学学报（社会科学版），19（2）：8-15.

王欢，穆月英，侯玲玲 .2017.玉米生产环境成本及全要素生产率的时空研究［J］.自然资源学报，32（7）：1 204-1 216.

王军，徐晓红 .2010.中国核心优势产区玉米生产效率增长及其分解分析［J］.玉米科学，18（6）：133-137.

王鹏，王婷，王莹，等 .2019.东北地区玉米气候生产潜力评估及区划［J］.大麦与谷类科学，36（1）：43-48.

王琦琪，陈印军 .2018.中国黑龙江、吉林两省与美国玉米生产成本比较分析［J］.世界农业（2）：135-140.

王善高，田旭 .2017.中国粮食生产成本上升原因探究——基于稻谷、小麦、玉米的实证分析 [J]. 农业现代化研究，38（4）：571-580.

王双进 . 2013. 改革开放以来我国粮食生产成本变动态势分析 [J]. 商业经济研究（16）：12-13.

王雪娇，肖海峰 . 2016. 中国玉米生产配置效率的空间关联效应及其影响因素研究 [J]. 哈尔滨工业大学学报（社会科学版），18（6）：125-131.

王雪秋 . 2015. 玉米经营规模与生产效率关系的研究——以吉林省玉米生产为例 [J]. 农业经济（5）：16-18.

王洋，许佳彬 . 2019. 农技服务采纳提高玉米生产技术效率了吗？——基于黑龙江省 38 个村 279 户玉米种植户的调查 [J]. 农林经济管理学报，18（4）：481-491.

王艺颖，刘春力 . 2016. 陕西省主要粮食作物生产成本收益研究——以小麦、玉米为例 [J]. 中国农业资源与区划，37（6）：143-148.

魏萍，刘小莉 . 2019. 河南省 2018 年玉米生产成本收益分析报告 [J]. 河南农业（2）：6.

肖家雄 . 2007. 黄淮海夏玉米生产钟相关问题的探讨 [J]. 河北农业科学，11（3）：25-26.

徐晓红，郭庆海 . 2018. 不同兼业水平农户的玉米生产效率研究 [J]. 玉米科学，26（3）：160-165.

徐志刚，李美佳，罗玉峰，等 . 2017. 粮食规模生产经营的经济效应与经营风险研究——基于对玉米生产规模户和普通户的比较 [J] 玉米科学 7，25（5）：145-151.

许存兴，魏建中，张芙蓉 . 2006. 基于多元回归的三种粮食生产成

本分析 [J]. 山东农业大学学报（自然科学版），47（5）：779-784.

闫丽珍，成升魁，刘爱民，等.2003. 中国玉米生产成本收益的区域分布规律研究 [J]. 农业技术经济（6）：27-34.

杨慧莲，韩旭东，郑风田.2017. 全球主产国（地区）玉米生产、贸易、消费及库存状况对比——基于 1996/1997—2016/2017 产季数据测算 [J]. 世界农业（6）：28-37.

杨今胜，柳京国，张元景，等.2015. 规模化经营条件下玉米生产发展方式转变的调查——以山东省莱州市为例 [J]. 农业科技通讯（4）：37-39.

杨艳昭，梁玉斌，封志明，等.2016. 中国玉米生产消费的时空格局及供需平衡态势 [J]. 农业现代化研究，37（5）：817-823.

杨印生，王舒，王海娜.2016. 基于动态 DEA 的东北地区玉米生产环境效率评价研究 [J]. 农业技术经济（8）：58-71.

杨宗辉，蔡鸿毅，陈珏颖，等.2018. 我国玉米生产空间布局变迁及其影响因素分析 [J]. 中国农业资源与区划，39（12）：169-176.

于丽艳，穆月英.2017. 我国玉米生产地区比较优势研究 [J]. 安徽农业科学，45（28）：236-239.

余卫东，马志红.2015. 近 50 年河南省夏玉米生产潜力及产量差时空变化特征 [J]. 干旱地区农业研究，33（1）：206-212.

曾福生，戴鹏.2011. 粮食生产收益影响因素贡献率测度与分析 [J]. 中国农村经济（1）：66-76.

张倍宁，李娜娜，刘彩霞，等.2017. 山西省玉米生产成本收益分析 [J]. 山西农业科学，45（8）：1 365-1 368.

张恒春，张照新．2015．增产增收视角下玉米种植户适度规模分析
　　［J］．湖南农业大学学报（社会科学版）（6）：13-18．

张丽娜，陈志，杨敏丽，等．2018．我国玉米生产效率时空特征分
　　析［J］．农业机械学报，49（1）：183-193．

张世博，施龙建，俞春涛，等．2018．江苏省玉米生产情况调研与
　　分析［J］．江苏农业学报，34（6）：1 410-1 418．

张向鸿．2014．关于加快玉米机械化生产发展的思考［J］．农业机
　　械化（24）：35-37．

张新仕，李敏，王晓夕，等．2018．河北省玉米生产比较优势分
　　析——基于粮食生产大省的比较［J］．安徽农业科学，46
　　（26）：191-195．

张选．2019．高效节水农业技术在玉米生产中的应用研究——以河
　　北省为例［J］．山西农经（7）：116．

张永强，蒲晨曦，王珧，等．2018．化肥投入效率测度及归因——
　　来自 20 个玉米生产省份的面板数据［J］．资源科学，40（7）：
　　1 333-1 343．

张越杰．2008．中国东北地区玉米生产效率的实证研究［J］．吉林
　　农业大学学报，30（4）：632-639．

章磷，田媛，冯静．2018．不同规模农户玉米生产效率比较研究
　　［J］．黑龙江八一农垦大学学报，30（3）：93-98．

赵芳．2010．中国玉米生产比较优势分析［J］．财经问题研究
　　（8）：48-51．

赵贵玉，王军，张越杰．2009．基于参数和非参数方法的玉米生产
　　效率研究——以吉林省为例［J］．农业经济问题（2）：15-21．

甄善继，李明，高祺，等．2018．黑龙江省玉米生产分析与未来方

向 [J]. 中国农业资源与区划, 39 (4): 14-21.

郑少锋, 邵建成. 2003. 主要粮食作物生产成本影响因素分析 [J]. 中国农学通报, 19 (3): 115-119.

郑有贵. 2007. 劳动力机会成本提高对粮食生产的影响分析 [J]. 农业展望 (10): 3-5.

钟甫宁. 2016. 正确认识粮食安全和农业劳动力成本问题 [J]. 农业经济问题 (1): 4-9.

周书灵, 张英彦. 2018. 玉米生产效率的微观测度及对比分析——基于玉米主产区 868 个地块的调研 [J]. 玉米科学, 26 (6): 165-169.

周洲, 石奇. 2018. 我国粮食生产收益影响因素实证分析——基于稻谷、小麦和玉米数据德分阶段回归 [J]. 山西农业大学学报 (社会科学版), 17 (7): 62-71.

朱险峰, 巫成方. 2016. 中美粮食种植成本比较及中国粮食政策取向 [J]. 农业展望 (10): 35-39.

邹成林, 郑德波, 谭华, 等. 2019. 广西玉米生产现状及发展对策探究 [J]. 南方农业, 13 (8): 139-141.

Aigner D, Lovell C A, Schmidt P. 1997. Formulation and estimation of stochastic frontier production function models [J]. Journal of Econometrics, 6 (1): 21-37.

Battese G E, Coelli T J. 1992. Frontier production functions, technical efficiency and panel data: With application to paddy farmers in India [J]. Journal of Productivity Analysis, 3 (1): 153-169.

Battese G E, Coelli T J. 1995. A model for technical inefficiency effects in a stochastic frontier production function for panel data [J].

Empirical Econimics, 20 (2): 325-332.

Georigia S, Daniel H K, Diane W, et al. 1981. Crop production costs and returns on minwesten organic farms: 1977 and 1978 [J]. American Journal of Agricultural Economics (5): 5-8.

H. Van Den Berg, A. S Lestari. 2001. Improving local cultivation of soybean in Indonesia through farmers' experiments [J]. Journal of Expl Agric (33): 183-193.

Kodde D A, Palm F C. 1986. Wald criteria for jointly testing equality and inequality restrictions [J]. Econometrica, 54 (5): 1 243-1 248.

Kumbhakar S C, Lovell C A K. 2000. Stochastic Frontier Analysis [M]. New York: Cambridge University Press.

Meeusen W, Broeck J V D. 1997. Efficiency estimation from Cobb - Douglas production functions with composed error [J]. International Economic Review, 18 (2): 435-444.

Reinhard S, Thijssen G. 1999. Econometric estimation of technical and environmentalefficience: An application to Dutch dairy farms [J]. American Journal of Agricultural Economics, 81 (2): 44-60.

Stephen C, Wburt S. 1989. Cost efficiency in U. S. corn production [J]. American Journal of Agricultural Economics (11): 28-32.

Wang X, Yamauchi F, Huang J. 2016. Rising wages, mechanization, and the substitution between capital and labor: Evidence from small scale farm system in China [J]. Agricultural Economics, 47 (3): 309-317.